U0249431

斥水性土壤中的水分运移及作物生长规律

李　毅　王小芳　陈俊英
姚　宁　刘洪光　彭小峰　著

科学出版社

北　京

内 容 简 介

本书针对入渗性能较弱的斥水性土壤，研究常规水和再生水灌溉条件下的土壤水分运移规律和作物生长过程，系统对比均质和层状斥水性土壤中的水分入渗、蒸发过程及优先流发展特征，并结合数值模拟结果，揭示不同质地斥水性土壤的水分运移规律。本书通过斥水性土壤中作物生长发育过程的差异，分析斥水性土壤影响植物种子发芽率和夏玉米生长的机理，预测未来气候变化情景下土壤斥水性对蒸散量和作物生长过程的影响，研究结果可为斥水性土壤相关研究提供参考。

本书可供农业水土工程、土壤学、农学、资源与环境、植物营养学等领域的科研人员参考，也可供相关专业高校师生阅读。

图书在版编目（CIP）数据

斥水性土壤中的水分运移及作物生长规律/李毅等著. —北京：科学出版社，2022.6
　ISBN 978-7-03-072307-9

　Ⅰ. ①斥… Ⅱ. ①李… Ⅲ. ①土壤水—运动—研究 ②土壤水—关系—植物生长—规律—研究 Ⅳ. ①S152.7

中国版本图书馆 CIP 数据核字（2022）第 085252 号

责任编辑：祝　洁　罗　瑶／责任校对：崔向琳
责任印制：张　伟／封面设计：蓝正设计

科学出版社 出版
北京东黄城根北街 16 号
邮政编码：100717
http://www.sciencep.com
北京中石油彩色印刷有限责任公司 印刷
科学出版社发行　各地新华书店经销
*
2022 年 6 月第　一　版　开本：720×1000　1/16
2022 年 6 月第一次印刷　印张：13
字数：257 000
定价：135.00 元
（如有印装质量问题，我社负责调换）

前　　言

土壤斥水性是指水分难以入渗到土壤中的现象。斥水性土壤中的水分运移规律和作物生长过程与亲水性土壤呈现出较大的差异，且更为复杂。斥水等级越高，土壤水分运移规律与亲水性土壤差异越大。虽然斥水性土壤的研究已持续近百年，但至今仍然没有形成一致的结论，斥水性土壤对作物生长影响方面的成果报道也较少。这主要是因为土壤斥水性形成的原因比较复杂，开展斥水性影响作物生长和产量提高方面的研究面临成本较高等多方面的困难，现有研究成果难以推广。

本书内容主要涉及斥水性土壤中的水分运移规律、再生水灌溉对斥水性土壤属性的影响及斥水性土壤中的作物生长规律等相关问题。本书基于土槽试验、遮雨棚试验及数值模拟的方法，研究常规水和再生水灌溉条件下，均质及层状斥水性土壤中的水分运移规律和优先流运移机制，分析土壤斥水性对夏玉米生长过程的影响，并对未来气候变化下斥水性土壤中夏玉米生长过程的水分运移进行预测，研究成果为土壤斥水性的研究提供借鉴。

全书共 6 章，各章主要内容及撰写分工如下。

第 1 章绪论，介绍土壤斥水性的研究背景和相关研究现状，并提出目前土壤斥水性研究存在的主要问题。本章由李毅、王小芳、陈俊英、姚宁、刘洪光、彭小峰和杨亚龙撰写。

第 2 章研究再生水水质对斥水性土壤水分运移的影响，分析不同再生水水质对不同土壤水分特征曲线、土壤水分常数、比水容量和土壤累积当量孔径分布等影响，以及综合水质指标对亲水性和斥水性砂壤土入渗特性的影响规律，对层状斥水性土壤入渗模型进行了分析。本章由陈俊英和杨亚龙撰写。

第 3 章通过室内土箱的定水头入渗试验，分析均质和层状斥水性土壤中的优先流发展过程，研究不同斥水程度土壤中的指流发展，分析不同斥水程度和土壤质地对指流发生条件、发展情况的影响。本章由李毅、王亦尘和王小芳撰写。

第 4 章基于斥水性土壤入渗和蒸发试验，应用 HYDRUS-1D 软件对斥水性土壤水分入渗和蒸发等水分运移过程进行数值模拟，为进一步了解斥水性土壤蒸发过程提供理论基础。本章由王小芳和李毅撰写。

第 5 章分析土壤斥水性对植物生长发育的影响及模拟，应用 HYDRUS-1D 软件对斥水性土壤中夏玉米生长过程的根系吸水进行模拟，揭示土壤斥水性造成夏玉米产量下降的原因;同时,对未来气候条件下斥水性土壤中夏玉米生长过程的水分运移进行了预测。本章由李毅、王小芳、唐德秀和姚宁撰写。

第 6 章对全书内容进行了总结归纳,对今后研究工作提出建议。本章由李毅、王小芳、姚宁、刘洪光和彭小峰撰写。

本书出版得到国家自然科学基金项目(51579213)、国家外国专家局高端外国专家引进项目(G20200027071)及新疆生产建设兵团第三师图木舒克市科技计划项目(S202102GG018)的资助。李毅负责全书的统筹规划、章节安排、内容整合等工作,王小芳负责统稿,研究生王亦尘和唐德秀等完成了大量室内外试验,陈俊英、姚宁、杨亚龙等协助撰写和资料整理,在此诚挚感谢团队的共同努力!

由于时间和精力有限,本书疏漏之处在所难免,敬请读者批评指正。

目　　录

第1章 绪 论

1.1 研 究 背 景

土壤斥水性(soil water repellency，SWR)是指水分长时间停留在土壤表面，不能迅速入渗的现象(Debano，1981)。斥水性土壤在世界各国普遍存在(Dekker et al.，2001)，存在于不同质地土壤、不同气候和不同土地利用方式下(Wang et al.，2021；Saiz-Jimenez，1988)。我国的新疆、陕西、湖南、云南、山东、安徽和内蒙古等省(自治区)也存在斥水性土壤，涉及的土壤类型广泛(吴珺华等，2019；孙棋棋等，2014)。因为 SWR 对土壤水分运移过程具有较大的影响，对农田水分循环、水分高效利用和作物产量具有直接或间接的作用，所以 SWR 及其环境效应已受到国际研究领域的广泛关注。对 SWR 的研究不仅涉及土壤学，而且与水文学、生态学、地学、微生物学和环境学密切相关，属于多学科交叉领域，深入研究 SWR 及其对农业生产的影响对于农业生产提质增效具有重要意义(唐德秀，2018)。

SWR 对土壤及环境有直接或潜在的负面影响(Doerr et al.，2000)，主要体现在：①降低土壤的导水率和入渗率。通常亲水性土壤中初始土壤水分入渗率很高，但随着土壤水分饱和，入渗率逐渐降低。干燥斥水性土壤中水分入渗过程与亲水性土壤相反，初始入渗率很低，甚至根本无法入渗，表层易于积水，导致产生地表和坡面径流，当降水充分时，可能发生超渗坡面径流；但随着入渗时间延长，土壤表面会被水逐渐润湿，湿润后的斥水性土壤入渗率逐渐增大。②延缓水流向下运动，湿润土壤不均匀，湿润锋不稳定和不规则(柴红阳等，2018；Ritsema et al.，1997)。③土壤表面径流促进大小细沟的形成，加速土壤侵蚀过程，使土壤质量退化。④加剧区域生态环境恶化，给农、林、牧生产造成重大影响，对农业生产和环境的可持续发展产生危害，加大对地下水的污染(Wahl et al.，2003)。在山区，SWR 除了给水分入渗带来困难，伴随强降水剧烈冲刷山体、坡地，加强地表径流和侵蚀作用之外(Dekker et al.，1994)，在灌溉或降水过程中，水分容易从土体间的大孔隙、植物根孔和生物活动造成的孔隙或不同土壤种类的层状土中产生优先流现象，使土壤内部水分分布不均匀，植物得不到可以有效利用的水分，造成农作物减产(Lowe et al.，2017；Xiong，2014；Blackwell，2000)。

1968 年，美国加州大学滨河分校召开了第一次 SWR 的国际性学术会议之后，有关 SWR 的成果及其报道逐渐增多。从最初发现斥水性土壤，到 SWR 不同评价指标的提出，相关研究不断深入，且近几十年来其研究成果有明显增加的趋势(Leelamanie et al.，2019；陈俊英等，2017；宋红阳等，2013)。在全球水资源短缺、极端自然灾害频发的大背景下，SWR 的研究在国际上日益受到重视。我国最早关于 SWR 的报道出现在 1994 年(杨邦杰等，1994)，随后相继开展了相关研究(周立峰等，2019；王秋玲等，2017；李毅等，2012a)，并获得了大量的研究成果。

相关研究表明，SWR 不仅成因复杂，而且影响因素多样，包括外部环境因素，如森林火灾(Doerr et al.，2000)、植被种类等，还有土壤自身理化性质，如有机质含量、土壤质地和矿物质组成等，多种因素交织在一起导致土壤显现出斥水性，并且 SWR 还具有一定的变异性。一般情况，在干燥或者干湿交替明显的气候条件下土壤较易产生斥水性。Jaramillo 等(2000)对不同气候条件下 SWR 的表现强弱进行比较，结果表明，SWR 在干燥的气候下会加剧；土壤干湿交替越明显，斥水性表现越强烈。土壤所处区域季节性气候差异越大越容易产生斥水性，并且 SWR 的强弱随季节变化有较大的波动(Crockford et al.，2010)。Buczko 等(2005)对欧洲赤松及山毛榉林地间土壤进行斥水性研究，结果表明 SWR 在季节上存在一定程度的空间变异性，同时夏季的 SWR 高于秋季，单一树种覆盖的 SWR 低于混合树种覆盖。郭丽俊等(2011)通过对新疆盐碱土的研究表明，不同尺度下的 SWR 和土壤理化性质均存在一定差异。

在斥水性土壤中，当水分和溶质通过土壤孔隙介质时，会沿着土壤中的某些特定路径运移，形成优先流(Hendrickx et al.，2001)。一般把优先流分为四类，分别是裂隙流、大孔隙流、指流和侧向流(Allaire et al.，2009)。其中，指流引起了众多水文、地质和环境科学方面研究者的高度关注，同时针对这一现象也开展了很多相关研究(王亦尘，2017；Šimůnek et al.，2003)。当指流发展时，水分会以类似"手指"的形状突破土壤界面，从而进入土体内部发生局部不稳定入渗现象，而不是均匀入渗到土体内部(Rezanezhad et al.，2006)。指流现象会影响土壤的入渗过程及土壤中的水分分布，如会加速水分和溶质的迁移，使其快速通过土壤的非饱和区域，增加地下水污染的风险(Bond et al.，1964；Jamison，1945)。

综上所述，形成 SWR 的因素较多、较复杂，不仅与土壤本身的属性有关，也和其所处的环境条件有着密切联系。虽然目前已有的研究从不同方面揭示了土壤斥水的机理，但土壤成分及所在气候条件不同导致结果千差万别，甚至在某些观点上大相径庭，因此并没有从本质上揭示土壤斥水的机理，为进一步研究斥水性土壤中的水分运移规律造成了障碍。此外，由于成本高，土壤斥水性对作物生长和产量影响方面的研究成果不多，在更深层次上结合未来气候情景进行斥水性影响下土壤和作物响应的研究成果也非常有限，不利于深入理解与斥水性土壤相关的问题。

1.2 研 究 现 状

1.2.1 土壤斥水性的成因和表征指标

国外对 SWR 的研究可追溯至 1917 年，之后逐渐增多，在近年来有明显增加趋势。受到缺水和极端自然灾害频发的影响，国际上对于土壤斥水性的研究日益增多(Müller et al.，2011)。1968 年召开的第一次国际性土壤斥水性研讨会上 SWR 问题引起普遍关注；20 世纪 80 年代，研究不仅关注于斥水性本身，而且在如何描述斥水性土壤的水分运移方面取得了突破(Sawada et al.，1989)。Ritsema 等(1995)对德国北部一块斥水性农田的土壤斥水性随季节变化的关系进行研究，结果表明，接近 90%的表层土壤在干燥季节里表现出明显斥水性，仅有 30%的较深层土壤在湿润季节表现出斥水性。Mckissock 等(2000)研究发现土壤矿物中的高岭土和钠基蒙脱石能有效减少 SWR，而伊利石和钙基蒙脱石则有增加 SWR 的效果。Bachmann 等(2001)在研究中发现，土壤斥水性的存在使得土壤水分的蒸发较亲水性土壤减少。Burch 等(2010)发现澳大利亚尤加利林地土壤在旱季时的入渗率仅为 0.75～1.9mm/h，而雨季时为 7.9～14.0mm/h。Carrick 等(2011)通过对比吸湿性、斥水性和封闭气体的动态作用，发现斥水性增强将导致入渗率降低，土壤表层容易形成非稳定流，从而导致径流增加。Vogelmann 等(2013)认为不同土壤质地斥水性土壤的临界含水量有所不同。Chau 等(2014)提出四种关于斥水性土壤水分特征曲线的模型。Filipovic 等(2018)预测气候变化将导致更严重的干旱，从而加剧 SWR，影响包气带土壤水力特性。

我国国土面积辽阔，土壤类型丰富，气候跨度广，随着对 SWR 理解的加深，国内关于 SWR 的研究呈增加的趋势(Wang et al.，2021；周立峰等，2019；李毅等，2012b)。郭丽俊等(2011)通过研究新疆维吾尔自治区玛纳斯县盐渍土壤的理化性质与斥水性空间格局划分，得出 SWR 及其理化性质在不同空间尺度下会产生一定的差异。任鑫等(2011)对新疆膜下滴灌棉田土壤进行研究，发现土壤剖面斥水性的变化规律与土壤的水盐含量、pH 有关系，次生盐渍土剖面斥水性的变异程度为中等，呈现中等偏弱的空间自相关性。陈世平等(2011)对不同斥水程度的土壤进行覆膜开孔条件下的室内蒸发试验，研究了土壤在不同覆膜开孔与斥水程度条件下，土壤的水盐运移特性。商艳玲等(2012)研究发现 SWR 随再生水灌溉量和灌溉时间的增加而显著增强。邵志一等(2016)对新疆玛纳斯河流域的土壤水分及土壤的斥水性空间变异性进行了研究。王亦尘等(2016)研究发现土壤斥水性可能与土壤容重及其烘干处理有关，当土壤黏粒、钠离子和钾离子含量较高时，斥水性更强。Li 等(2017)通过对比高斯模型、洛伦兹模型和对数模型对所测斥水性土壤水分特征曲线的适用性，最终选择高斯模型反映土壤斥水性和土壤含水量之间的关系。周立峰等(2019)研究了不同土壤斥水性随含水量变化的规律，发现膜下滴灌盐碱化农田表层土壤的斥水性与电导率呈正相关，与土壤 pH 无显著相关性。

SWR 的测定方法及相应的评价指标主要有：①滴水穿透时间(water droplet penetration time，WDPT)法，这是最简单且最常用的 SWR 测定方法(Letey，1969)。WDPT 即通过记录水滴由滴入土壤表面至完全入渗所用的时间，将 SWR 划分为 5 个等级，分别是亲水(WDPT < 5s)、轻微斥水(WDPT 为 5~60s)、强度斥水(WDPT 为 60~600s)、严重斥水(WDPT 为 600~3600s)和极端斥水(WDPT > 3600s)(Dekker et al.，1990)。②乙醇摩尔浓度法，即使用乙醇溶液浓度来表征斥水性的强弱。③接触角法，通过测定固、液、气三者的接触角来判断土壤斥水的严重程度。按照接触角进行 SWR 等级划分，认为 0°接触角为亲水性土壤，0°<接触角≤90°为亚临界斥水性土壤，接触角大于 90°为斥水性土壤(Siebold et al.，2000)。

1.2.2　斥水性土壤中的水分运移规律

各种水分入渗模型已被应用于研究斥水性土壤的入渗特性。目前研究仅限于使用各种模型对斥水性土壤试验数据进行拟合，并没有明确模型的物理意义(任长江等，2018；刘春城等，2011)。近年来，许多学者对 Green-Ampt 模型进行了修正，修正后的模型物理意义更为明确，因此得到了广泛的应用。Deng 等(2016)基于饱和导水率的一般阶幂均值和调和均值对 Green-Ampt 模型进行了改进，发现改进后的模型对入渗的拟合效果较好。Mao 等(2016)基于含水量分布时空线性变化的假设，对 Green-Ampt 模型进行了改进，发现新模型在拟合累积入渗量和湿润锋距离方面具有较高的精度。Zhang 等(2019)发现修正的 Green-Ampt 模型对入渗过程的模拟效果优于 Mao 等(2016)的研究结果。这些模型的改进基于两个重要参数的研究：饱和导水率和基质吸力(简称"吸力")。饱和导水率可以通过试验得到，但基质吸力难以测量。因此，模型修正的主要内容是如何准确地获得土体的基质吸力。范严伟等(2015)建立了由进气值的倒数估算砂土的基质吸力方程，结果表明修正模型能够准确拟合砂层入渗率。温馨等(2020)将 Philip 模型与 Green-Ampt 模型相结合，推导出了基质吸力计算方程，改进后的模型性能得到了提高。

与亲水性土壤中的入渗过程相比，斥水性土壤中水分运移过程明显更慢，两者的水力性质差异很大。近年来，国内外学者致力于斥水性土壤水分运移规律的研究(王秋玲等，2017)。刘春成等(2011)对室内土柱进行积水入渗试验，研究对比了不同积水高度和斥水程度条件下的土壤入渗规律，采用 Green-Ampt 模型(Green et al.，1911)、Philip(1969)模型、Kostiakov(1932)公式和指数公式等四种模型分析了入渗率变化特征。结果表明，累积入渗量随入渗历时的变化可用幂函数描述，亲水性土壤累积入渗量明显大于斥水性土壤，应用 Kostiakov 公式的计算值更接近于实测值。陈俊英等(2012)对土壤斥水性随含水量变化的相关关系进行研究，发现土壤斥水持续时间随含水量的变化关系为单峰曲线，进行模型拟合得出正态模型为最优模型。刘世宾等(2013)进行了一维土壤水平吸渗试验，并分析了不同斥水程度土壤的水力性质。结果表明，van Genuchten 和 Brooks-Corey 模型对亲水性和斥水性土壤水力性质均具有较好的适用性。宋红阳等(2013)使用十八烷基伯胺配制不同等级的斥水性土壤并进行积水入渗试验，发现其入渗过程中的湿润锋与累积入渗量之间的关系可以在转折前后使用两段线性公式进行较好地描述，斥水性土壤剖面上层含水量较亲水性土壤大。任鑫等(2011)对层状斥水性土壤的入渗和蒸发特征进行研究，结果表明，具有夹砂层的不同斥水性土壤入渗时，累积入渗量与湿润锋呈良好的指数函数关系。具有黏土夹层的砂土入渗过程中，夹层斥水程度越强，入渗越缓慢；具有夹砂层的斥水土和具有斥水性土夹层的砂土中，累积入渗量与湿润锋的关系可用多项式描述；在相同的覆膜开孔率情况下，土壤斥水性越强，累积蒸发量越小。Li 等(2018)发现层状斥水性砂壤土和砂土入渗过程中会产生突变的水分过渡区，砂壤土的斥水性较夹层位置和土壤剖面对入渗的影响更大。胡廷飞等(2019)基于室内一维垂直入渗试验，研究了砾石覆盖厚度对斥水性土壤积水入渗及水分再分布的影响，发现砾石覆盖显著增加斥水性土壤湿润锋；Horton 模型对砾石覆盖斥水性土壤入渗过程的拟合效果最好。

由于自然环境中斥水性土壤差异性较大，同时获取不同斥水程度的同种类型天然土壤存在困难，而且自然状态下的土壤斥水性会随着时间发生一定程度的变异，呈现出"不稳定斥水"的现象，所以有些学者采用向亲水性土壤中添加斥水性物质的方式来人工获取不同斥水程度的土壤。其中，试验中较常添加的斥水性物质有两种，一种是十八烷基伯胺，这是一种固态的斥水表面活性材料，经磨细后可以与亲水性土壤颗粒掺混在一起，从而使原本亲水的土壤表现出斥水性；另一种是二氯二甲基硅烷(dichlorodimethylsilane, DCDMS)，在常温下是一种无色、透明的油状液体，这种物质可以与水反应生成氯化氢(HCl)气体和聚二甲基硅氧烷(polydimethylsiloxane)，后者可以包裹在土壤颗粒表面形成斥水层，阻隔水分的入渗(Goebel et al., 2007)，从而使土壤呈现斥水性。由于 DCDMS 在常温下呈液态，它可以更容易、更均匀地与土壤颗粒掺混，所以在人工配置斥水性土壤的应用中更有效、更普遍，而且往往用于配置"稳定斥水性"土壤(Ju et al., 2008; Bachmann et al., 2002, 2001)。Ju 等(2008)在使用 DCDMS 配置斥水性土壤的过程中，发现添加较少的这种斥水剂就可以获得斥水性很强的土壤。这种人为添加斥水剂的方法可以在一定程度上满足对不同斥水程度土壤的研究，能够实现对斥水程度的强弱划分、实现较为广泛、细致的研究目的。

1.2.3 再生水灌溉对土壤斥水性的影响

目前，再生水灌溉对土壤斥水性的影响研究主要集中在再生水对土壤入渗率和导水能力、土壤孔隙率和容重、土壤水力参数、土壤结构、土壤斥水性形成、土壤 pH 及对土壤盐分等方面的影响。研究普遍认为，再生水中的大分子有机物质、微生物、氮和磷等营养物质，有利于土壤团粒结构的形成，从而改善土壤入渗性能和导水性能(Peña et al., 2014)。过量的 Na^+、Cl^-、金属离子和盐类，会使植物根部土壤聚集，形成板结，同时再生水中的有机质、悬浮物和盐等成分，会在土壤孔隙中累积沉淀，并堵塞孔隙(Halliwell et al., 2001)，逐渐在土壤表层形成一层不透水层，使得土壤密度增加、孔隙率减小(Bedbabis et al., 2014)，而已经结皮的土壤用再生水灌溉后，土壤的饱和水力传导度和入渗率会降低。研究还发现，再生水对土壤孔隙、水力传导度和入渗率的影响随土壤中黏粒含量的增大而增大(Magesan et al., 1999)。长期采用再生水灌溉对土壤团粒结构体和团聚体结构等都有影响，进而影响土壤水分的运移。土壤水分特征曲线(简称"土-水曲线")是土壤吸力(能量)和含水量(数量)的关系曲线，对研究土壤水分的有效性、溶质运移等具有重要作用。关于不同水质再生水对斥水性和亲水性土壤的土-水曲线、土壤水分常数、比水容量和土壤累积当量孔径分布等影响的研究较少。

长期采用处理废水(treated waste water，TWW)进行灌溉会使土壤颗粒表面形成一层具有疏水性的有机化合物层，从而引发土壤产生斥水性(Chen et al., 2009)。Mataix-Solera 等(2011)发现，采用处理废水灌溉 20 年的砂质土壤，其斥水时间高达 802s。Wallach 等(2005)通过研究长期使用处理废水灌溉的桔园黏壤土，发现其斥水时间更是高达 3600s。斥水时间的增加意味着土壤入渗率和导水能力下降，因而使得灌溉效率降低(Wallach et al., 2005)。灌溉效率降低一方面表现在灌溉时土壤的入渗率减小，另一方面则表现为湿润锋运移速率降低，湿润锋呈现不规则、不稳定特征。Rye 等(2017)研究斥水性土壤表层对入渗和蒸发的过程中，发现斥水性降低了水分的运移速率，减少土壤表层水分蒸发。在斥水性土壤中，水分在水平方向和重力方向运移存在较大的差异，且由于斥水性基团的存在，极易形成优先流。水分在斥水性土壤中入渗时容易在其表面造成积水。Wang 等(2003)研究发现当灌溉积水深度小于土壤的基质吸力时，水分不能入渗，意味着灌溉难以进行。以上研究主要是对已经产生斥水性的土壤中清水水分运移规律的探究，在长期使用处理废水灌溉的区域，土壤产生斥水性后更换水源继续进行灌溉的概率较小，因此研究处理废水在斥水性土壤中的入渗规律对于指导灌溉十分重要。

1.2.4 土壤斥水性对指流发展及作物生长的影响

非饱和斥水性土壤中的指流运动机理相对复杂，影响因素繁多，针对这一方面的相关研究最早出现在 20 世纪 50 年代，相比亲水性土壤，该研究起步较晚，且相关理论和成果较少(Raats，1973；DeRoo，1952)。早期的研究者在理论方面对指流现象的成因进行了解释或者提出了假说。Hillel 等(1988)提出了一个在亲水层状土中水分入渗过程或者水分再分布过程中指流的成因假说，湿润锋原本在空间中表现为均匀的平面运动，当土壤中的水流速度加快时，湿润锋开始倾向于收缩，如果原来的湿润锋相对较宽，那么就会发生湿润锋的离散现象。总结目前的研究成果，指流的成因大致有以下 4 个方面：①导水率变化。土层深度的增加或者在多层土壤的情况下，土壤的导水率会发生下降的现象，可能引发指流(Glass et al.，1987；Hill et al.，1972)。例如，细质地的土壤覆盖在粗质地土壤的双层土壤结构中，当下层粗质地土壤的水吸力远远高于上层土壤的导水能力时，水分穿越两层土壤的分界面时会发生湿润锋流速增大的现象(Baker et al.，1990)，就可能引发指流。②毛管阻力变化。当水分下渗到两层土壤(粗质地的土壤覆盖细质地的土壤)的交界处，且开始发生累积时发生(Starr et al.，1978)。③土壤质地反差(Dobrovolskaya et al.，2014)。④斥水性土壤中可能发生指流(Bauters et al.，1998；Wang et al.，1998；Hendrickx et al.，1993)。SWR 可以增加水分在土壤表面的留滞时间，诱发指流(Ritsema et al.，1994)，但是在斥水性土壤中的指流运动机理相对复杂，且目前的研究成果有限，不利于针对斥水性土壤中水分运移规律的进一步研究。

随着研究的逐步深入，研究者们更加注重使用具体的量化指标来判断指流发生的临界条件，或者是不同土壤情况下的发生特点，并且注重试验研究方面的验证或者总结指流发生的规律。Parlange 等(1976)根据二维条件下的试验，总结了估算指流指锋流速的方法，认为其大小接近于 $K_s/(\theta_s - \theta_i)$，其中 K_s 是土壤饱和导水率，θ_s 是土壤饱和含水量，θ_i 是土壤初始含水量。Glass 等(1990)等将关于二维试验条件下的指流宽度用于预测三维试验中的指流宽度，结果表明三维试验下的指流宽度是相应二维条件下指流宽度的 $4.8/\pi$ 倍。

随着 SWR 逐渐得到关注，研究者们开始考虑斥水性对指流的影响。Dekker 等(1994)通过对具有斥水性的砂土进行研究，发现 SWR 可以引起湿润锋不稳定。Ritsema 等(1994)发现指流更易发生于表层土壤潜在斥水性较低的区域。目前的研究结果显示，在斥水性土壤中的水分入渗会发生指流的现象，且发生过程具有较强的随机性。起初呈风干状态的斥水性砂土很难被水浸湿，水流会绕过相当大面积的表面土壤，然后沿着指状路径下渗，且这一过程相对缓慢，入渗率较低。Bauters 等(1998)研究发现指流可以出现在不同斥水程度的砂土中，使用土槽进行斥水性砂土的入渗试验，结果表明水分在入渗过程中，与亲水性土壤平行湿润锋不同的是，斥水性砂土的湿润锋呈现指状图案，且土壤斥水程度提高，需要的入渗水头也随之提升。Wang 等(2000)通过一维条件下的层状斥水性土壤入渗试验，发现与均质亲水性土壤相反的是，入渗率会随时间发生增大的现象。Geiger 等

(2000)测量入渗过程的毛管吸力分布时发现，指流发生时伴随非单调性饱和度分布的还有毛管吸力分布的非单调性凸起，很容易分裂成数个"指状"前锋，并不断发育推进。Dicarlo(2004)测量土壤剖面含水量分布时发现，湿润锋后的"指尖"含水量较高甚至接近饱和，而含水量在上方的"指尾"处较低。Jamison(1945)、Emerson 等(1963)和 Krammes 等(1965)均发现斥水性土壤中的湿润锋不仅表现不规律，而且其土壤含水量也会产生相应改变。Shokri 等(2009)进行了亲水性和斥水性均质土壤的土柱蒸发试验，对比发现特征干燥长度在斥水性土壤和亲水性土壤中分别为 17mm 和 130mm。李毅等(2013)对亲水性和斥水性壤土进行两点源交汇的水分入渗试验，发现与亲水性土壤呈现光滑的湿润锋相比，斥水性土壤的湿润锋不如亲水性土壤的光滑，个别位置发生优先流现象。Li 等(2018)、宋红阳等(2013)使用十八烷基伯胺配制不同等级的斥水性土壤，通过入渗试验发现其湿润锋与累积入渗量之间的关系可以以其发生转折的时刻为界限，然后使用两段线性函数关系进行较好地表达，而且还得到了斥水性土壤剖面中含水量较亲水性土壤大的结果。在层状土壤结构中，上层土壤的斥水性强弱对下层土壤的指流发展起着较大的影响作用(Carrillo et al., 2000)。Carrillo 等(2000)在设计室内分层土壤入渗试验的过程中，对上层土壤设置了不同的进水压力 h_p，不同的上层土壤厚度 L，以及不同的固定水头深度 h_0，结果表明 WDPT 增加，指流发育的长度也随之增加，其指状形态也更明显；对于 WDPT 在 10min 左右强度斥水等级的土壤，入渗过程中虽然有指流的出现，但是土层中的多条指流会发生横向的扩大，并且相互联结在一起，最终表现为相对均匀的湿润锋向下进行推进；WDPT 在 150min 左右，且 $(h_0 + L)/h_p < 1$ 的情况下，下层土壤中的指流形态发育最完善，而且指形也保持得更持久。此外，不同的供水类型也会对指流的发生产生影响。Wallach 等(2008)使用点源供水的方式对亲水性和斥水性的砂土进行入渗试验，结果发现在亲水性和斥水性土壤中均产生了指流现象。李毅等(2013)对亲水和添加了斥水剂的壤土先后进行了两点源交汇的水分入渗试验，发现与亲水壤土呈现光滑形状的 1/4 湿润锋相比，斥水性土壤的湿润锋不如亲水性土壤的湿润锋光滑，且在部分位置出现了非均匀流。

随着科技水平的高速发展，关于指流等其他类型优先流研究方面的观测手段及仪器也有了很大程度上的改善，不仅可以适用于实验室范围内的小尺度入渗试验，甚至可以从土壤的微观结构层面进行研究，而且对于研究野外环境中的山地、林地，以及农田中较大尺度、环境复杂的指流现象都有较大的改善作用，可以实现连续动态的观测和记录。Allaire 等(2009)归纳总结针对各种优先流研究所适用的技术手段，并且给出了适用的试验条件，这些观测手段往往各有利弊，使用时需要综合考虑。常用的主要有以下几种：①X 射线扫描技术(Mooney et al., 2008)。可以把土壤样品放置在计算机断层扫描(computer tomography，CT)机中扫描，从而可以精确得到 2D 或 3D 维度上的土壤孔隙构造，这一方法几乎适用于任何状态下的土壤样品，但是费用较昂贵且需要专业人士操作。②树脂浸润法(Moran et al.，1989)。把准备好的土样切片烘干除去水分后，浸润在树脂中，烘干表面的树脂液体，然后就可以利用显微镜或者扫描仪器观测土样切片的内部情况。这种方法的优点是处理过的土样切片可以长时间保存，并且成本较低，缺点是适用面积太小，过程耗时。③简易挖掘土壤剖面(Ghodrati et al.，1990)。一般借助染色剂来示踪水流的运动，纵向或者水平方向挖开土层，然后逐层拍照，观察湿润锋的形态。这种方法简单容易，成本较低，但是不适合精确量化，土壤中的微观细节无法观测。还有烟雾示踪法(Shipitalo et al.，2000)、骨架化法(Munyankusi et al.，1994)等方式。此外，有很多关于优先流的研究是基于其中水分运移的具体情况、水力性质参数测定等，因此目前关于水分观测的技术手段也发生了较大进步，常用的测定土壤含水量的仪器有时域反射仪(time domain reflectometry，TDR)、探地雷达(ground penetrationg radar，GPR)等(Ellsworth et al.，1996)，其操作相对简便；用于土壤水分运移示踪的方法有离子、同位素示踪，或者使用扫描仪器等(Kaestner et al.，2008)，这些方法示踪效果较好，但是耗费的成本较高。

由于斥水性土壤的物理属性、水力参数及水分运移情况与亲水性土壤存在一定的差异性，所以很多适用于亲水性土壤的水分运移理论不再适用或者适用的范围十分有限，揭示斥水性土壤中的指流形成机理及水分运移规律变得困难。虽然指流的发展过程及特点在以前的研究成果中都有体现，但是目前关于这方面的研究成果相对缺乏系统化，很多理论并没有普遍适用性，尤其是针对斥水层状土壤中指流发生机理的研究依然很有限，因此关于开展这一方面的研究存在一定的必要性和现实意义(王亦尘，2017；Bauters et al.，1998；Wang et al.，1998)。

SWR 影响农田水分循环，从而对土壤环境和作物生长等有重要影响。由于SWR 的影响因素多样，但目前针对斥水性土壤中的水分分布不均匀性尚缺乏定量的系统化成果，这对于指导实际的农业生产不利。在农业生产中，土壤分布情况比模拟更复杂，田间土壤中不同斥水程度的土壤往往具有时空复杂性，且土壤性质多样，在作物生长条件下的水分运移状况更为复杂。

关于 SWR 对环境的影响及斥水性形成的机理方面研究较多，对 SWR 影响作物生长过程方面的成果较少(Wang et al.，2021；陈俊英等，2010)。在应对土壤斥水的策略方面，杨邦杰等(1994)介绍了澳大利亚进行的斥水性土壤的改良措施。Jordán 等(2009)研究发现土壤的斥水性会降低土壤的渗透性造成土壤流失，不利于墨西哥中部某杉木松树和橡树混合林的生长。同时，斥水性土壤中的土壤含水量分布差异很大，对种子正常发芽和作物生长产生影响，最终导致减产而引起经济损失。Bond(1972)研究发现，SWR 对作物生长有所影响，在南澳大利亚的砂地中，SWR 导致大麦种子发芽率降低，最终影响产量。Summers(1987)报道，每年在西澳大利亚土壤斥水导致减产,从而引起的经济损失达 1000 万~1500 万澳元。杨邦杰等(1997)发现西澳大利亚垄沟耕作农田采用沟种后,表层的斥水性土壤会形成不透水的垄,从而阻止水分蒸发,同时促进雨水入渗沟中,使沟中的温度降低,有利于种子发育出苗。崔敏等(2007)对某些园艺生产基质研究发现,将润湿剂和一些圆形岩石组合在一起施用,可以使基质表面产生一些能够使水分顺利通过基质斥水层的小孔,能较好地解决作物生长介质产生的斥水性问题。Buczko 等(2005)对欧洲赤松和山毛榉覆盖的森林土壤进行斥水性分析,发现该处土壤的斥水性存在季节上的空间变异性,即夏季高于秋季、混合树种覆盖高于单一树种覆盖的现象。Rodríguez-Alleres 等(2007)比较了不同植物覆盖下土壤的斥水性,发现大部分玉米或草地覆盖下的土壤未表现出斥水性,而森林表层土壤的斥水性极强,总体上质地差异对土壤斥水性的影响不明显。

从研究进展来看,土壤斥水性对作物生长过程的影响十分重大,因此进行在斥水性土壤种植作物来研究 SWR 对土壤水分及作物生长过程的影响研究,对于分析土壤斥水性影响作物产量的成因是非常必要的。

1.2.5　斥水性土壤中水分运移的数值模拟

1. HYDRUS 软件模拟土壤水分运移

HYDRUS 软件是国际地下水模拟中心于 1999 年开发的,可用于分析水流和溶质在非饱和多孔隙媒介中的运移,是用土壤物理参数模拟土壤水、热及溶质在非饱和土壤中运动的有限元计算机模型(Šimůnek et al., 2008)。该模型软件可以灵活地处理各类水流边界,包括定水头和变水头边界、给定流量边界、渗水边界、自由排水边界、大气边界及排水沟等。对于非饱和土壤水力特性,采用 van Genuchten-Mualem 模型进行描述。HYDRUS 软件主程序包括前处理和后处理两大模块。

HYDRUS 软件可应用于水分入渗、蒸发及农业领域或室内试验模拟,如计算田间氮素流失及氮转化(Chen et al., 2018;Ramos et al., 2011;郝芳华等, 2008)、灌溉水量周期性变化(汤英等, 2011),重金属离子运移(Xu et al., 2019;Grecco et al., 2019)等,具体应用领域如下:

(1) 不同的灌溉模式,如畦灌、沟灌和滴灌等。Chen 等(2015)采用 HYDRUS-2D 模拟了含盐水的沟灌法条件下土壤水和盐转移的研究,结果表明 HYDRUS 提供了一个可靠的结果;Chen 等(2018)应用 HYDRUS-2D 模拟雨养覆膜条件下玉米田间水分运移,将降雨冠层再分布和膜侧入渗的影响考虑在内,模拟结果表明,覆膜的最大土壤含水量出现在种植孔附近,覆膜中心的土壤含水量较低,裸地的土壤含水量最低,覆膜提高了土壤水分有效性。Grecco 等(2019)利用 HYDRUS-2D 模拟滴灌条件下甘蔗田中水和钾的运移,通过统计参数比较模拟和实测值,结果表明，该模型具有较好地模拟土壤含水量的能力，并且比土壤传递函数估计的性能更好。

(2) 不同的边界条件。马欢等(2011)设置了大气上边界和变水头的下边界模拟山东微山灌区 2006～2009 年的水分循环；范严伟等(2016)通过设置定水头上边界和自由排水下边界模拟了层状土入渗的水分特征。

(3) 不同的土壤质地。Lai 等(2016)应用 HYDRUS-1D 揭示了降水特性、湿度和季节对森林土壤深层渗流的综合作用，结果表明 HYDRUS-1D 可以很好地模拟土壤水分运移过程。Qi 等(2018)应用 HYDRUS-2D 模拟不同灌溉量膜下滴灌盐碱土的水分和盐分空间分布。模拟结果表明，湿润区向膜的中间位置扩展，灌水均匀度随灌水量的增加而增大，灌水量的增加促进土壤脱盐。

(4) 土壤水力参数的反算。任利东等(2014)通过反算土壤水力参数模拟了砂性层状土土柱蒸发；Bourgeois 等(2016)应用 HYDRUS-1D 中的反算模块对中坡浅层土壤的水力特性进行了多目标估计。

除此之外，HYDRUS-1D 也被应用于地下水污染风险的评价(李玮等，2013)、渠道渗漏模拟(李睿冉，2012)及低温水入渗土壤水热运移模拟(任杰等，2016)。众多研究表明，HYDRUS 可以很好地应用于模拟不同条件下的土壤水分运移过程。

2. 斥水性土壤水分运移规律的数值模拟

数值模拟已被广泛应用于土壤水分运移的研究(Bosch et al.，1999)。由于斥水性土壤中的水分运移与亲水性土壤不同，很多适用于亲水性土壤的水分运移理论不再完全适用，这给模拟斥水性土壤中的水分运移情况带来很大困难，目前关于这方面的模拟成果相对较少。近几十年来，一些专门或者内部镶嵌模拟水分运移模块的软件被广泛提出并发展。国内外很多学者致力于斥水性土壤水分入渗过程的模拟。杨邦杰(1996)建立了沟种条件下斥水性土壤的水热运动规律与数值模型，采用有限元法求解了西澳大利亚垄沟耕作农田的温度、蒸发率和累积蒸发量的时间变化。Bosch 等(1999)采用一维对流-分散模型模拟斥水性砂土中的水流。Nieber 等(2000)使用 Richards 方程成功地模拟了亲水性砂土和极端斥水性砂土形成稳定流和非稳定流动。Sonneveld 等(2003)通过土壤-水-大气-植物(soil water atmosphere plant，SWAP)模型评估包括斥水性土壤在内的土地利用历史差异。Bachmann 等(2007)分别针对不同斥水级别的种砂土进行等温和非等温土柱蒸发试验，并对比了计算和实测的累积蒸发量。Deurer 等(2007)用概念数值模拟方法模拟了非均质斥水性土壤中的水流运动。Lehmann 等(2008)应用基于侵入渗流(invasion percolation，IP)理论的三维网格模型模拟研究多孔介质干燥过程特征，发现累积蒸发量受干燥特征长度的影响很大。Dicarlo 等(2011)应用网格模型，结合微观孔隙尺度上的"活塞式"和"阶跃式" 2 种孔隙水分充填机制，对石英砂介质入渗过程中的水饱和度分布进行了模拟。Ganz 等(2013)采用三维数值模型模拟了斥水性砂土的积水试验入渗过程，利用电阻层析技术对斥水性砂土进行入渗过程测定，并模拟了斥水性土壤的水分运移过程。Xiong(2014)使用一维自动组织图、多层感知器和模块化神经网络来模拟亲水性和斥水性土壤中的水流，并能提供准确的空间矩。

3. 作物根系吸水的模拟

根系吸水是作物生长的一个重要过程，可以为作物高效生产和可持续灌溉提供策略(Kuhlmann et al.，2012)。精确模拟根系吸水对于理解土壤水文、作物生长和水分利用非常重要(Faria et al.，2010)。诸多学者应用 HYDRUS 对作物根系吸水进行了模拟。Jha 等(2017)应用 HYDRUS-1D 在喷灌、地表滴灌、漫灌等条件下模拟非饱和区域的根系发育和根系吸收水分过程。Hou 等(2017)利用 HYDRUS-1D 模拟了不同地下水位情景下玉米的根系吸水，分析了地下水通量的贡献，研究发现，灌溉用水需求量随着地下水位的增加而增加。Aggarwal 等(2017)利用 HYDRUS-2D 模拟棉花的根系吸水，模拟结果可以提供实际的蒸腾速率，有助于有效管理水分。Ahmad 等(2018)使用 HYDRUS-2D 描述土壤水分变化、根系吸水和剖面水分平衡组分的动态变化。结果表明，在半干旱气候条件下，砂壤土应每2~3 年翻耕一次。土壤斥水性影响根系吸水，进而影响作物产量，然而，目前对土壤斥水性影响作物根系吸水的研究较少，对斥水性-土壤-植物相互作用的研究并没有揭示土壤斥水性对作物根系吸水的抑制作用。

1.3　主要问题

虽然目前国内外很多学者对斥水性土壤中水分运移的规律进行模拟，取得了丰硕的成果，但是仍然存在以下科学问题：

(1) 斥水性土壤中多发非均匀流、指流等现象，研究难度较大，对不同斥水程度土壤中的水分运移规律仍需要深入探讨；在研究斥水性土壤的水分运移过程中，缺乏土壤结构及土壤质地的差异性考虑。作为影响水分运移的两个重要方面，这会导致研究结果缺乏全面性，对实际的自然土壤环境下的水分入渗指导性弱。此外，虽然目前关于均质、非均质(层状)结构的斥水性土壤水分运移有相关的研究成果报道，但是试验中对不同斥水程度的等级划分较少。相对来讲，斥水性强弱因素的考虑不够全面、具体，而且对于斥水程度是如何影响斥水性土壤中指流的产生及发展特点还不甚明了，导致斥水性土壤水力性质模型的成果适用范围有限，成为斥水性土壤水分运移规律研究的障碍。

(2) 目前，SWR 对土壤水分的影响及斥水性形成的机理方面研究较多，但对SWR 影响作物生长，尤其是不同等级斥水程度土壤对不同类型植物的种子发芽率的影响还需要深入研究。对于 SWR 对土壤水分动态过程的影响，以及对作物生长过程中生理指标变化的影响还有待进一步量化。斥水条件下蒸散量发生了变化，但对其定量估算方法研究较少。研究发现对于作物蒸散量的计算需要根据不同条件进行校正，对于 SWR 对蒸散量的影响需要进一步研究。

(3) 目前，对斥水性土壤中不同水分运移过程规律的数值模拟往往忽略了斥水性强弱对水分运移过程的影响，其结果大多集中针对具体的试验情况，不具有普遍性；以往对土壤-植物相互作用的研究并没有揭示根系吸水抑制斥水性土壤中植物生长的机理；HYDRUS 软件更多地用于亲水性土壤水分运移过程的模拟，鲜有应用 HYDRUS 软件对斥水性土壤水分进行模拟，特别是根系吸水模块在斥水性土壤中对作物生长的影响。

本书基于常规水和再生水灌溉条件下斥水性土壤水分运移规律和作物生长过程试验和数值模拟结果，对比了均质和层状斥水性土壤中的水分入渗和蒸发过程及优先流发展特征，揭示了不同质地斥水性土壤的水分运移规律，研究了斥水性土壤中种子发芽率和夏玉米生长发育过程的差异，分析了土壤斥水性影响作物生长的机理，预测了未来气候变化情景下土壤斥水性对夏玉米生长过程中土壤水分以及生长指标的影响，以期为斥水性土壤的相关研究提供参考。

参 考 文 献

柴红阳, 陈俊英, 张林, 等, 2018. 不同斥水程度黏壤土一维入渗特性试验研究[J]. 排灌机械工程学报, 37(7): 86-92.

陈俊英, 刘畅, 张林, 等, 2017. 斥水程度对脱水土壤水分特征曲线的影响[J]. 农业工程学报, 33(21): 188-193.

陈俊英, 吴普特, 张智韬, 等, 2012. 土壤斥水性对含水率的响应模型研究[J]. 农业机械学报, 43(1): 63-67.

陈俊英, 张智韬, 汪志农, 等, 2010. 土壤斥水性影响因素及改良措施的研究进展[J]. 农业机械学报, 41(7): 84-89.

陈世平, 李毅, 高金芳, 2011. 覆膜开孔蒸发条件下斥水性土壤水盐变化规律[J]. 农业机械学报, 42(5): 86-91.

崔敏, 宁召民, 张志国, 2007. 斥水性生长介质中湿润剂的使用[J]. 北方园艺, 6: 72-73.

范严伟, 黄宁, 马孝义, 等, 2016. 应用 HYDRUS-1D 模拟砂质夹层土壤入渗特性[J]. 土壤, 48(1): 193-200.

范严伟, 赵文举, 王昱, 等, 2015. 夹砂层土壤 Green-Ampt 入渗模型的改进与验证[J]. 农业工程学报, 31(5): 93-99.

郭丽俊, 李毅, 李敏, 等, 2011. 盐渍化农田土壤斥水性与理化性质的空间变异性[J]. 土壤学报, 48(2): 277-285.

郝芳华, 孙雯, 曾阿妍, 等, 2008. HYDRUS-1D 模型对河套灌区不同灌施处理下氮素迁移的模拟[J]. 环境科学学报, 28(5): 853-858.

胡廷飞, 王辉, 胡传旺, 等, 2019. 砾石覆盖厚度对斥水土壤入渗特性的影响及模型优选[J]. 水土保持学报, 33(2): 17-22, 29.

李睿冉, 2012. HYDRUS-2D 模型在渠道渗漏数值模拟中的应用[J]. 节水灌溉, 11: 71-74.

李玮, 何江涛, 刘丽雅, 等, 2013. Hydrus-1D 软件在地下水污染风险评价中的应用[J]. 中国环境科学, 33(4): 639-647.

李毅, 关冰艺, 2013. 滴灌两点源交汇入渗的斥水土壤水分运动规律[J]. 排灌机械工程学报, 31(1): 81-86.

李毅, 任鑫, 2012a. 覆膜开孔条件下斥水性层状土壤蒸发实验[J]. 农业机械学报, 43(11): 58-64.

李毅, 商艳玲, 李振华, 等, 2012b. 土壤斥水性研究进展[J]. 农业机械学报, 43(1): 68-75.

刘春成, 李毅, 郭丽俊, 等, 2011. 微咸水灌溉对斥水土壤水盐运移的影响[J]. 农业工程学报, 27(8): 39-45.

刘世宾, 李毅, HORTON R, 2013. 斥水土壤的水力参数及水平吸渗规律[J]. 排灌机械工程学报, 31(11): 1000-1006.

马欢, 杨大文, 雷慧闽, 等, 2011. Hydrus-1D 模型在田间水循环规律分析中的应用及改进[J]. 农业工程学报, 27(3): 6-12.

任长江, 赵勇, 王建华, 等, 2018. 斥水性土壤水分入渗试验和模型[J]. 水科学进展, 29(6): 839-847.

任杰, 沈振中, 杨杰, 等, 2016. 基于 HYDRUS 模型低温水入渗下土壤水热运移模拟[J]. 干旱区研究, 33(2): 246-252.

任利东, 黄明斌, 2014. 砂性层状土柱蒸发过程实验与数值模拟[J]. 土壤学报, 51(6): 1282-1289.

任鑫, 李毅, 李敏, 等, 2011. 次生盐渍土垂向剖面斥水性及其与理化性质关系[J]. 农业机械学报, 42(3): 58-64.

商艳玲, 李毅, 朱德兰, 2012. 再生水灌溉对土壤斥水性的影响[J]. 农业工程学报, 28(21): 89-97.

邵志一, 李毅, 2016. 玛纳斯河流域土壤水分及斥水性空间变异性研究[J]. 西北农林科技大学学报(自然科学版), 44(2): 206-213.

宋红阳, 李毅, 贺缠生, 2013. 不同质地斥水土壤的入渗模型[J]. 排灌机械工程学报, 31(7): 629-635.

孙棋棋, 刘前进, 于兴修, 等, 2014. 沂蒙山区桃园棕壤斥水性对理化性质的空间响应[J]. 土壤学报, 51(3): 648-655.

汤英, 徐利岗, 张红玲, 等, 2011. HYDRUS-1D/2D 在土壤水分入渗过程模拟中的应用[J]. 安徽农业科学, 39(36): 22390-22393.

唐德秀, 2018. 土壤斥水性对蒸散发及夏玉米生长过程的影响[D]. 杨凌: 西北农林科技大学.

王秋玲, 施凡欣, 刘志鹏, 等, 2017. 土壤斥水性影响土壤水分运动研究进展[J]. 农业工程学报, 33(24): 96-103.

王亦尘, 2017. 斥水土壤中指流发育过程试验研究[D]. 杨凌: 西北农林科技大学.

王亦尘, 李毅, 肖珍珍, 2016. 玛纳斯河流域土壤斥水性及其影响因素[J]. 应用生态学报, 27(12): 3769-3776.

温馨, 胡志平, 张勋, 等, 2020. 基于 Green-Ampt 模型的饱和-非饱和黄土入渗改进模型及其参数研究[J]. 岩土力学, (6): 1-10.

吴珺华, 林辉, 刘嘉铭, 等, 2019. 十八胺化学改性下壤土的斥水性与入渗性能研究[J]. 农业工程学报, 35(13): 122-128.

杨邦杰, 1996. 斥水性土壤中的水热运动规律与数值模型[J]. 土壤学报, 4: 351-359.

杨邦杰, BLACKWELL P S, MCHOLSON D F, 1997. 斥水土壤中水热运动模型的应用[J]. 土壤学报, 34(4): 427-433.

杨邦杰, BLACKWELL P S, NICHOLSON D F, 1994. 土壤斥水性引起的土地退化、调查方法与改良措施研究[J]. 环境科学, 15(4): 88-90.

周立峰, 杨荣, 冯浩, 2019. 微咸水膜下滴灌对盐碱化农田土壤斥水特征的影响[J]. 农业机械学报, 50 (7): 322-332.

AGGARWAL P, BHATTACHARYYA R, MISHRA A K, et al., 2017. Modelling soil water balance and root water uptake in cotton grown under different soil conservation practices in the Indo-Gangetic Plain[J]. Agriculture Ecosystems & Environment, 240: 287-299.

AHMAD M, CHAKRABORTY D, AGGARWAL P, et al., 2018. Modelling soil water dynamics and crop water use in a soybean-wheat rotation under chisel tillage in a sandy clay loam soil[J]. Geoderma, 327: 13-24.

ALLAIRE S E, ROULIER S, CESSNA A J, 2009. Quantifying preferential flow in soils: A review of different techniques[J]. Journal of Hydrology, 378: 179-204.

BACHMANN J, DEURER M, ARYE G, 2007. Modeling water movement in heterogeneous water-repellent soil: 1. Development of a contact angle-dependent water-retention model[J]. Vadose Zone Journal, 6(3): 436-445.

BACHMANN J, HORTON R, RR V D P, 2001. Isothermal and nonisothermal evaporation from four sandy soils of different water repellency[J]. Soil Science Society of America Journal, 65(6): 1599-1607.

BACHMANN J, VAN DER PLOEG R R, 2002. A review on recent developments in soil water retention theory: Interfacial tension and temperature effects[J]. Journal of Plant Nutrition Soil Science, 165(4): 468-478.

BAKER R S, HILLEL D, 1990. Laboratory test of a theory of fingering during infiltration into layered soils[J]. Soil Science Society of America Journal, 54(1): 20-30.

BAUTERS T W J, STEENHUIS T S, PARLANGE J Y, et al., 1998. Preferential flow in water-repellent sands[J]. Soil Science Society of America Journal, 62(5): 1185-1190.

BEDBABIS S, ROUINA B B, BOUKHRIS M, et al., 2014. Effect of irrigation with treated wastewater on soil chemical properties and infiltration rate[J]. Journal of Environmental Management, 133: 45-50.

BLACKWELL P, 2000. Management of water repellency in Australia, and risks associated with preferential flow, pesticide concentration and leaching[J]. Journal of Hydrology, 231: 384-395.

BOND R D, 1972. Germination and yield of barley when grown in water repellent sand[J]. Agronomy Journal, 64(3): 402-403.

BOND R D, HARRIS J R, 1964. The influence of the microflora on the physical properties of soils. I. Effects associated with filamentous algae and fungi[J]. Soil Research, 2(1): 111-122.

BOSCH H V D, RITSEMA C J, BOESTEN J J T I, et al., 1999. Simulation of water flow and bromide transport in a water repellent sandy soil using a one-dimensional convection-dispersion model[J]. Journal of Hydrology, 215(1-4): 172-187.

BOURGEOIS O L, BOUVIER C, BRUNET P, et al., 2016. Inverse modeling of soil water content to estimate the hydraulic properties of a shallow soil and the associated weathered bedrock[J]. Journal of Hydrology, 541: 116-126.

BUCZKO U, BENS O, HÜTTL R F, 2005. Variability of soil water repellency in sandy forest soils with different stand structure under Scots Pine (Pinus Sylvestris) and beech (Fagus Sylvatica)[J]. Geoderma, 126: 317-336.

BURCH G J, MOORE I D, BURNS J, 2010. Soil hydrophobic effects on infiltration and catchment runoff[J]. Hydrological Processes, 3(3): 211-222.

CARRICK S, BUCHAN G, ALMOND P, et al., 2011. Atypical early-time infiltration into a structured soil near field capacity: The dynamic interplay between sorptivity, hydrophobicity, and air encapsulation[J]. Geoderma, 160(3-4): 579-589.

CARRILLO M L K, LETEY J, YATES S R, 2000. Unstable water flow in a layered soil: Ⅱ. The effects of a stable water repellent layer[J]. Soil Science Society of America Journal, 64: 456-459.

CHAU H W, BISWAS A, VUJANOVIC V, et al., 2014. Relationship between the severity, persistence of soil water repellency and the critical soil water content in water repellent soils[J]. Geoderma, 221-222(2): 113-120.

CHEN B, LIU E, MEI X, et al. 2018. Modelling soil water dynamic in rain-fed spring maize field with plastic mulching[J]. Agricultural Water Management, 198: 19-27.

CHEN L J, FENG Q, LI F-R, et al., 2015. Simulation of soil water and salt transfer under mulched furrow irrigation with saline water[J]. Geoderma, 241: 87-96.

CHEN X, SONG J, CHENG C, et al., 2009. A new method for mapping variability in vertical seepage flux in streambeds[J]. Hydrogeology Journal, 17(3): 519-525.

CROCKFORD H, TOPALIDIS S, RICHARDSON D P, 2010. Water repellency in a dry sclerophyll eucalypt forest—measurements and processes[J]. Hydrological Processes, 5(4): 405-420.

DEBANO L F, 1981. Water Repellent Soils: A State-of-the-Art[R]. Berkeley: United States Department of Agriculture, Forest Service.

DEKKER L W, DOERR S H, OOSTINDIE K, et al., 2001. Water repellency and critical soil water content in a dune sand[J]. Soil Science Society of America Journal, 65: 1667-1674.

DEKKER L W, JUNGERIU P D, 1990. Water repellency in the dunes with special reference to the Netherlands[J]. Catena, 18: 173-183.

DEKKER L W, RITSEMA C J, 1994. How water moves in a water repellent sandy soil: 1. Potential and actual water repellency[J]. Water Resources Research, 30(9): 2507-2517.

DENG P, ZHU J, 2016. Analysis of effective Green-Ampt hydraulic parameters for vertically layered soils[J]. Journal of Hydrology, 538: 705-712.

DEROO H C, 1952. The soil and sub-soil and sub-soil geology of the Dreuthe table-land[J]. Boor en Spade, 5:102-118.

DEURER M, BACHMANN J, 2007. Modeling water movement in heterogeneous water-repellent soil: 2. A conceptual numerical simulation[J]. Vadose Zone Journal, 6(3): 446-457.

DICARLO D A, 2004. Experimental measurements of saturation overshoot on infiltration[J]. Water Resources Research, 40(4): 1149-1155.

DICARLO D A, AMINZADEH B, DEHGHANPOUR H, 2011. Semicontinuum model of saturation overshoot and gravity-driven fingering in porous media[J]. Water Resources Research, 47(3): W03201.

DOBROVOLSKAYA Y V, CHAU H W, SI B C, 2014. Improving water storage of reclaim soil covers by fractionation of coarse-textured soil[J]. Canadian Journal of Soil Science, 94: 489-501.

DOERR S H, SHAKEBY R A, WALSH R P D, 2000. Soil water repellency: Its causes, characteristics and hydro-geomorphological significance[J]. Earth-Science Reviews, 51(1-4): 33-65.

ELLSWORTH T R, BOAST C W, 1996. Spatial structure of solute transport variability in an unsaturated field soil[J]. Soil Science Society of America Journal, 60: 1355-1367.

EMERSON W W, BOND R D, 1963. The rate of water entry into dry sand and calculation of the advancing contact angle[J]. Australian Journal of Soil Research, 1(1): 9-16.

FARIA L N, DA ROCHA M G, VAN LIER Q D J, et al, 2010. A split-pot experiment with sorghum to test a root water uptake partitioning model[J]. Plant Soil: 331, 299-311.

FILIPOVIC V, WENINGER T, FILIPOVIC L, et al., 2018. Inverse estimation of soil hydraulic properties and water repellency following artificially induced drought stress[J]. Journal of Hydrology and Hydromechanics, 66(2): 170-180.

GANZ C, BACHMANN J, LAMPARTER A, et al., 2013. Specific processes during in situ infiltration into a sandy soil with low-level water repellency[J]. Journal of Hydrology, 484: 45-54.

GEIGER S L, DURNFORD D S, 2000. Infiltration in homogeneous sands and a mechanistic model of unstable flow[J]. Soil Science Society of America Journal, 64(2): 460-469.

GHODRATI M, JURY W A, 1990. A field study using dyes to characterize preferential flow of water[J]. Soil Science Society of America Journal, 54(6): 1558-1563.

GLASS R J, PARLANGE J Y, STEENHUIS T S, 1987. Water Infiltration In Layered Soils Where A Fine Textured Layer Overlayers A Coarse Sand[C]. Hawaii: Proceedings of the International Conference on Infiltration Development and Application.

GLASS R J, PARLANGE J Y, STEENHUIS T S, 1990. Two-phase immiscible displacement in porous media: Stability analysis of three-dimensional, axisymmetric disturbances[J]. Transportation Porous Media, 5: 247-268.

GOEBEL M, WOCHE S K, BACHMANN J, 2007. Significance of wettability-induced changes in microscopic water distribution for soil organic matter decomposition[J]. Soil Science Society of America Journal, 71: 1593-1599.

GRECCO K L, MIRANDA J H D, SILVEIRA L K, et al., 2019. HYDRUS-2D simulations of water and potassium movement in drip irrigated tropical soil container cultivated with sugarcane[J]. Agricultural Water Management, 221: 334-347.

GREEN W H, AMPT G, 1911. Studies on soil phyics[J]. The Journal of Agricultural Science, 4(1): 1-24.

HALLIWELL D J, BARLOW K M, NASH D M, 2001. A review of the effects of wastewater sodium on soil physical properties and their implications for irrigation systems[J]. Soil Research, 39: 1259-1267.

HENDRICKX J M H, DRKKER L W, BOERSMA O H, 1993. Unstable wetting fronts in water repellent field soils[J].Journal of Environment Quality, 22:109-118.

HENDRICKX J M H, FLURY M, 2001. Uniform and Preferential Flow Mechanisms in the Vadose Zone[M]// Conceptual Models of Flow and Transport in the Fractured Vadose Zone. Washington, D C:National Academic Press.

HILL D E, PARLANGE J Y, 1972. Wetting front instability in layered soils[J]. Soil Science Society of American Journal, Proceeding, 36(5): 697-702.

HILLEL D, BAKER R S, 1988. A descriptive theory of fingering during infiltration into layered soils[J]. Soil Science, 146: 51-56.

HOU L, ZHOU Y, BAO H, et al., 2017. Simulation of maize (Zea mays L.) water use with the HYDRUS-1D model in the semi-arid Hailiutu River catchment, Northwest China[J]. Hydrological Science Journal, 62: 93-103.

JAMISON V C, 1945. The penetration of irrigation and rain water into sandy soil of central Florida[J]. Soil Science Society of American Journal, Proceeding, 10: 25-29.

JARAMILLO D F, DEKKER L W, RITSEMA C J, et al., 2000. Occurrence of soil water repellency in arid and humid climates[J]. Journal of Hydrology, 231-232: 105-111.

JHA S K, GAO Y, LIU H, et al., 2017. Root development and water uptake in winter wheat under different irrigation methods and scheduling for North China[J]. Agricultural Water Management, 182: 139-150.

JORDÁN A, ZAVALA L M, NAVA A L, 2009. Occurrence and hydrological effects of water repellency in different soil and land use types in Mexican volcanic highlands[J]. Catena, 79(1): 60-71.

JU Z Q, REN T S, HORTON R, 2008. Influences of dichlorodimethylsilane treatment on soil hydrophobicity, thermal conductivity, and electrical conductivity[J]. Soil Science, 173: 425-432.

KAESTNER A, LEHMANN E, STAMPANONI M, 2008. Imaging and image processing in porous media research[J]. Advances in Water Resources, 31: 1174-1187.

KOSTIAKOV A N, 1932. On the dynamics of the coefficient of water-percolation in soils and on the necessity of studying it from a dynamic point of view for purposes of amelioration[J]. Soil Science, Russian Part A, 14: 17-21.

KRAMMES J S, DEBANO L F, 1965. Soil wettability: A neglected factor in watershed management[J]. Water Resources Research, 1(2): 283-286.

KUHLMANN A, NEUWEILER I, VAN DER ZEE S, et al., 2012. Influence of soil structure and root water uptake strategy on unsaturated flow in heterogeneous media[J]. Water Resourse Research, 48(2): 1-16.

LAI X, LIAO K, FENG H, et al., 2016. Responses of soil water percolation to dynamic interactions among rainfall, antecedent moisture and season in a forest site[J]. Journal of Hydrology, 540: 565-573.

LEELAMANIE D, NISHIWAKI J, 2019. Water repellency in Japanese coniferous forest soils as affected by drying temperature and moisture[J]. Biologia, 74:127-137.

LEHMANN P, ASSOULINE S, OR D, 2008. Characteristic lengths affecting evaporative drying of porous media[J]. Physical Review E: Statistical, nonlinear, and soft matter physics, 77: 056309.

LETEY J, 1969. Measurement of contact angle, water drop penetration time and critical surface tension[J]. Symposium on Water Repellent Soils: 43-47.

LI Y, REN X, ROBERT H, et al., 2018.Characteristics of water infiltration in layered water-repellent soils[J]. Pedosphere, 28(5):775-792.

LI Y, WANG X, CAO Z, et al., 2017. Water repellency as a function of soil water content or suction influenced by drying and wetting processes[J]. Canadian Journal of Soil Science, 97: 226-240.

LOWE M A, MCGRATH G, MATHES F, et al., 2017. Evaluation of surfactant effectiveness on water repellent soils using electrical resistivity tomography[J]. Agricultural Water Management, 181: 56-65.

MAGESAN G N, WILLIAMSON J C, YEATES G W, et al., 1999. Hydraulic conductivity in soils irrigated with wastewaters of differing strengths: Field and laboratory studies[J]. Australian Journal of Soil Research, 37(2): 391-402.

MAO L, LI Y, HAO W, et al., 2016. A new method to estimate soil water infiltration based on a modified Green-Ampt model[J]. Soil and Tillage Research, 161: 31-37.

MATAIX-SOLERA J, GARCIA-IRLES L, MORUGÁN A, et al., 2011. Longevity of soil water repellency in a former wastewater disposal tree stand and potential amelioration[J]. Geoderma, 165(1): 78-83.

MCKISSOCK I, WALKER E L, GILKES R J, et al., 2000. The influence of clay type on reduction of water repellency by applied clays: A review of some West Australian work[J]. Journal of Hydrology, 231-232: 323-332.

MOONEY S J, MORRIS C, 2008. Morphological approach to understanding preferential flow using image analysis with dye tracers and X-ray computed tomography[J]. Catena, 73(2): 204-211.

MORAN C J, MCBRATNEY A B, KOPPI A J, 1989. A rapid method for analysis of soil macropore structure. I. Specimen preparation and digital binary production[J]. Soil Science Society of America Journal, 53: 921-928.

MÜLLER K, DEURER M, 2011. Review of the remediation strategies for soil water repellency[J]. Agriculture Ecosystems & Environment, 144(1): 208-221.

MUNYANKUSI E, GUPTA S C, MONCRIEF J F, et al., 1994. Earthworm macropores and preferential transport in a long-term manure applied Typic Hapludalf[J]. Journal of Environmental Quality, 23: 773-784.

NIEBER J, BAUTERS T, STEENHUIS T, et al., 2000. Numerical simulation of experimental gravity-driven unstable flow in water repellent sand[J]. Journal of Hydrology, 231: 295-307.

PARLANGE J Y, HILL D E, 1976. Theoretical analysis of wetting front instability in soils[J]. Soil Science, 122: 236-239.

PEÑA A, MINGORANCE M D, GUZMÁN I, et al., 2014. Protecting effect of recycled urban wastes (sewage sludge and wastewater) on ryegrass against the toxicity of pesticides at high concentrations[J]. Journal of Environmental Management, 142: 23-29.

PHILIP J, 1969. Early stages of infiltration in two-and three-dimensional systems[J]. Soil Research, 7(3): 213-221.

QI Z, FENG H, ZHAO Y, et al., 2018. Spatial distribution and simulation of soil moisture and salinity under mulched drip irrigation combined with tillage in an arid saline irrigation district, Northwest China[J]. Agricultural Water Management, 201: 219-231.

RAATS P A C, 1973. Unstable wetting fronts in uniform and nonuniform soils[J]. Soil Science Society of American Journal, 37: 681-685.

RAMOS T B, ŠIMŮNEK J, GONÇALVES M C, et al., 2011. Field evaluation of a multicomponent solute transport model in soils irrigated with saline waters[J]. Journal of Hydrology, 407(1): 129-144.

REZANEZHAD F, VOGEL H J, ROTH K, 2006. Experimental study of fingered flow through initially dry sand[J]. Hydrology and Earth System Science Discussion, 3: 2595-2620.

RITSEMA C J, DEKKER L W, 1994. How water moves in a water repellent sandy soil.2. Dynamics of finger flow[J]. Water Resources Research, 30: 2519-2531.

RITSEMA C J, DEKKER L W, 1995. Distribution flow: A general process in the top layer of water repellent soils[J]. Water Resources Research, 31(5): 1187-1200.

RITSEMA C J, DEKKER L W, HEIJS W J, 1997. Three-dimensional fingered flow patterns in a water repellent sandy field soil[J]. Soil Science, 162(2): 79-90.

RODRÍGUEZ-ALLERES M, DE BLAS E, BENITO E, 2007. Estimation of soil water repellency of different particle size fractions in relation with carbon content by different methods[J]. Science of The Total Environment, 378(1-2): 147-150.

RYE C F, SMETTEM K R J, 2017. The effect of water repellent soil surface layers on preferential flow and bare soil evaporation[J]. Geoderma, 289: 142-149.

SAIZ-JIMENEZ C, 1988. Origin and Chemical Nature of Soil Organic Matter[D]. Delft: Technische Universiteit Delft.

SAWADA Y, AYLMORE L, HAINSWORTH J M, et al., 1989. Development of a soil water dispersion index (SOWADIN) for testing the effectiveness of soil-wetting agents[J]. Soil Research, 27(1): 17-26.

SHIPITALO M J, GIBBS F, 2000. Potential of earthworm burrows to transmit injected animal wastes to tile drains[J]. Soil Science Society of America Journal, 64: 2103-2109.

SHOKRI N, LEHMANN P, OR D, 2009. Characteristics of evaporation from partially wettable porous media[J]. Water Resources Research, 45(2): 142-143.

SIEBOLD A, NARDIN M, SCHULTZ J, et al., 2000. Effect of dynamic contact angle on capillary rise phenomena[J]. Colloids & Surfaces A Physicochemical & Engineering Aspects, 161(1): 81-87.

ŠIMŮNEK J, BRADFORD S A, 2008. Vadose zone modeling: Introduction and importance[J]. Vadose Zone Journal, 7: 581-586.

ŠIMŮNEK J, JARVIS N J, VAN GENUTCHEN M T, et al., 2003. A review and comparison of models for describing non-equilibrium and preferential flow and transport in the vadose zone[J]. Journal of Hydrology, 272: 14-35.

SONNEVELD M P W, BACKX M A H M, BOUMA J, 2003. Simulation of soil water regimes including pedotransfer functions and land-use related preferential flow[J]. Geoderma, 112(1-2): 97-110.

STARR J L, DENO H C, FRINK C R, et al., 1978. Leaching characteristics of a layered field soil[J]. Soil Science Society of America Journal, 42: 386-391.

SUMMERS R N, 1987. The Incidence and Severity of Non-Wetting Soils of the South Coast of Western Australia[D]. Perth: The University of Western Australia.

VOGELMANN E S, REICHERT J M, PREVEDELLO J, et al., 2013. Threshold water content beyond which hydrophobic soils become hydrophilic: The role of soil texture and organic matter content[J]. Geoderma, 209-210: 177-187.

WAHL N A, BENS O, SCHÄFER B, et al., 2003. Impact of changes in land-use management on soil hydraulic properties: Hydraulic conductivity, water repellency and water retention[J]. Physics and Chemistry of the Earth Parts A/B/C, 28(33-36): 1377-1387.

WALLACH R, BEN-ARIE O, GRABER E R, 2005. Soil water repellency induced by long-term irrigation with treated sewage effluent[J]. Journal of Environmental Quality, 34(5): 1910-1920.

WALLACH R, JORTZICK C, 2008. Unstable finger-like flow in water-repellent soils during wetting and redistribution—The case of point water source[J]. Journal of Hydrology, 351: 26-41.

WANG X, LI Y, CHAU H W, et al., 2021. Reduced root water uptake of summer maize grown in water-repellent soils simulated by HYDRUS-1D[J]. Soil and Tillage Research, 209(1-4): 104925.

WANG Z, CHANG A C, WU L, et al., 2003. Assessing the soil quality of long-term reclaimed wastewater-irrigated cropland[J]. Geoderma, 114(3-4): 261-278.

WANG Z, FEYEN J, RITSEMA C J, 1998. Susceptibility and predictability of conditions for preferential flow[J]. Water Resource Research, 34: 2169-2182.

WANG Z, WU Q J, WU L, et al., 2000. Effects of soil water repellency on infiltration rate and flow instability[J]. Journal of Hydrology, 231-232: 265-276.

XIONG Y, 2014. Flow of water in porous media with saturation overshoot: A review[J]. Journal of Hydrology, 510(3): 353-362.

XU C, TIAN J, WANG G, et al. 2019. Dynamic simulation of soil salt transport in arid irrigation areas under the HYDRUS-2D-based rotation irrigation mode[J]. Water Resources Management, 33: 3499-3512.

ZHANG Q, CHEN W, ZHANG Y, 2019. Modification and evaluation of Green-Ampt model: Dynamic capillary pressure and broken-line wetting profile[J]. Journal of Hydrology, 575: 1123-1132.

第 2 章　再生水水质对斥水性土壤水分运移的影响

长期采用再生水灌溉，对土壤团粒体和团聚体等产生影响，进而影响土壤水分运移。土壤水分特征曲线(简称"土-水曲线")是土壤吸力和含水量*的关系曲线，对研究土壤水分的有效性、溶质运移等具有重要作用。土壤性质与灌溉水质之间始终处于相互影响、相互作用、不断发展和演变，因此针对不同的土壤选取合理的水质指用以指导灌溉具有明显的实际意义。本章首先以色列的斥水性和亲水性黏壤土及砂土为研究对象，用不同水质测定其土壤水分特征曲线，分析不同水质对不同土壤水分特征曲线、土壤水分常数、比水容量和土壤累积当量孔径分布等影响。然后以亲水和配制的斥水性砂壤土为研究对象，采用不同的灌溉水质进行入渗试验。研究内容可为大面积再生水灌溉及其管理提供一定的理论参考依据。

2.1　再生水水质对斥水性土壤水分特征曲线的影响

2.1.1　材料与方法

1. 供试土壤与再生水水样

供试土壤取自以色列的基布兹 Beery(东经 34°29′43.15″，北纬 31°25′14.06″)的柚园和基布兹 Magen(东经 34°24′19.45″，北纬 31°17′17.63″)橙园表层 0～5cm 和 10～20cm。土壤经风干、去杂，过 2mm 标准孔径筛，采用 MS 2000 型激光粒度仪测定其土壤颗粒组成，供试土壤的颗粒组成见表 2-1。基布兹 Beery 和基布兹 Magen 的果园均采用再生水进行滴灌，截至取样时已累积灌溉约 20 年，由于采用再生水滴灌，采集的 0～5cm 土壤均有斥水性，基布兹 Beery 和基布兹 Magen 的土壤斥水等级分别为强度斥水和严重斥水，10～20cm 的土壤没有斥水性，为亲水性土壤。土壤编号分别记为 RC(斥水性黏壤土)、WC(亲水性黏壤土)、RSS(斥水性砂土)和 WSS(亲水性砂土)。

---

* 无特殊说明时，本书含水量均指体积含水量，cm^3/cm^3。

表 2-1　供试土壤的颗粒组成

土壤及编号	颗粒组成/%			质地
	粒径< 0.002mm	粒径 0.002~0.02mm	粒径> 0.02mm	
柚园 0~5cm(RC)	19.25	18.38	62.37	黏壤土
橙园 0~5cm(RSS)	18.23	17.53	64.24	砂土
柚园 10~20cm(WC)	3.25	5.83	90.92	黏壤土
橙园 10~20cm(WSS)	3.12	5.68	91.20	砂土

试验用水样取自某生活污水处理厂，取水位置为生活污水处理的不同处理环节，即集水口、厌氧池、氧化池、沉淀池和再生水出水口，对照的自来水取自当地，不同取水位置水样的水质指标见表 2-2。

表 2-2　不同取水位置水样的水质指标

水质指标	自来水	集水口	厌氧池	氧化池	沉淀池	出水口
pH	143	811	825	811	849	799
电导率/(μs/cm)	7.52	0.24	0.43	3.00	4.61	4.03
溶解氧浓度/(mg/L)	0.892	0.488	0.642	0.614	0.684	0.786
总硬度/(mmol/L)	27.96	169.81	176.32	164.37	167.67	153.21
NH_4^+ -N 浓度/(mg/L)	0	34.76	32.35	30.32	31.88	25.03
NO_3^--N 浓度/(mg/L)	1.714	0.119	0.102	1.586	3.338	1.579
NO_2^--N 浓度/(mg/L)	0	0	0	0.007	0.016	0.448
K^+浓度/(mg/L)	1.09	16.8	16.84	18.35	17.52	17.90
Na^+浓度/(mg/L)	5.70	48.32	50.70	56.46	56.90	59.46
Ca^{2+}浓度/(mg/L)	28.80	62.64	64.73	63.71	73.94	74.52
Mg^{2+}浓度/(mg/L)	2.89	5.63	5.45	5.47	5.44	5.53
浊度	0	125.00	18.01	510.00	4.77	3.95
总溶解性物质浓度/(mg/L)	95	226	360	260	412	420
总悬浮物浓度/(mg/L)	0	170	198	780	325	242
总氮/(mg/L)	18.23	69.27	100.30	63.83	36.22	30.12
Cl^-浓度/(mg/L)	14	61	71	67	67	69
CO_3^{2-} 浓度/(mg/L)	0	0	19	14	19	18
HCO_3^- 浓度/(mg/L)	60.817	369.42	344.04	327.33	325.24	13.09

续表

水质指标	自来水	集水口	厌氧池	氧化池	沉淀池	出水口
化学需氧量(chemical oxygen demand，COD)	0	331.5	423	588	37.15	22.15
生化需氧量(biochemical oxygen demand，BOD)	0	171	100	143	11	11
PO_4^{3-} 浓度/(mg/L)	0.02	8.95	26.83	14.94	6.29	13.09

2. 土壤水分特征曲线的测定

以采样地实测容重为参考，设定黏壤土和砂土的容重分别为 1.30g/cm³ 和 1.60g/cm³，按设定容重将土样分层装入容积为100cm³ 的环刀，然后将环刀置于选定的水中浸泡至饱和。土壤水分特征曲线采用高速恒温冷冻离心机(CR21GⅡ型)测定，测定时机内恒温 4℃。将饱和环刀样品放入离心机装置中，选定吸力分别为 88.8cm、316.6cm、530.3cm、859cm、1053cm、3018cm、5216cm 和 7189cm(对应的离心机转速分别为 900r/min、1700r/min、2200r/min、2800r/min、3100r/min、5300r/min、6900r/min 和 8100r/min，对应的平衡时间分别为 30min、45min、60min、60min、60min、90min、90min 和 90min)。每次离心结束后，采用 ES-3002H 型电子天平称量环刀质量，土-水曲线测定结束后将环刀置于 105℃烘箱内干燥至质量恒定，根据土壤质量含水量计算出样品的体积含水量。试验时各处理均重复 4 次(离心机每次只能测 4 个样品，试验结果取 4 次重复的平均值)。

2.1.2　土壤水分特征曲线和比水容量模型

土壤水分特征曲线拟合模型主要有 van Genuchten-Mualem 模型、Brooks-Corey 模型、双重孔隙度(dual-porosity)模型和对数正态分布(lognormal distribution)模型等，本章选取应用最为广泛的 van Genuchten-Mualem 模型(van Genuchten，1980)。

$$\theta_v = \begin{cases} \theta_r + \dfrac{\theta_s - \theta_r}{(1+|\alpha h|^n)^m}, & h < 0 \\ \theta_s, h \geqslant 0 \end{cases} \tag{2-1}$$

式中，θ_v 为土壤体积含水量，cm³/cm³；h 为压力水头(负压)，cm；θ_s 为土壤饱和体积含水量，cm³/cm³；θ_r 为土壤残余体积含水量，cm³/cm³；α 为与进气值有关的参数，cm⁻¹；m、n 为形状参数，与土壤孔径分布有关，$m = 1 - 1/n$。

采用 RETC 软件进行拟合，RETC 由美国农业部盐渍土实验室于 1999 年开发，应用最小二乘法的原理，对土壤水分特征曲线进行拟合，可用于分析非饱和土壤水分和水力传导特性，快速方便地实现土壤转换函数功能。

在其操作界面可以选择需要拟合的问题类型。RETC 问题类型操作界面如图 2-1 所示，在界面上可以设置拟合处理的名称。在右侧可以选择帮助(Help)对软件操作进行进一步了解。RETC 中给出的拟合类型有四种，常用的拟合问题的类型主要是前三类：①拟合水分特性曲线数据和导水率或扩散率；②仅拟合水分特性曲线数据；③导水率或扩散率。

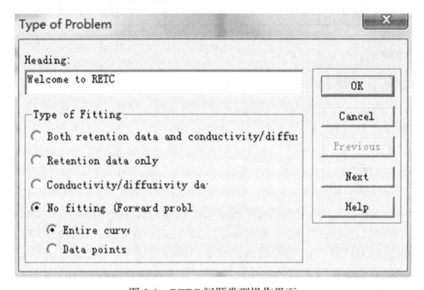

图 2-1　RETC 问题类型操作界面

在水流参数操作界面可以选择需要拟合的参数，并设置初始值，RETC 水流参数操作界面见图 2-2。

	Qr	Qs	Alpha	n	Ks
Parameter Name	ThetaR	ThetaS	Alpha	n	Ks
Initial Estimate	0.078	0.43	0.036	1.56	24.96
Fitted ?	☑	☑	☑	☑	☑

图 2-2　RETC 水流参数操作界面

模型自带的土壤类型库可以提供不同质地土壤的水力参数值。也可通过软件自带的神经网络预测输入土样的颗粒组成、容重和固定压力值下的含水量进行参数预测，RETC 神经网络预测操作界面见图 2-3。

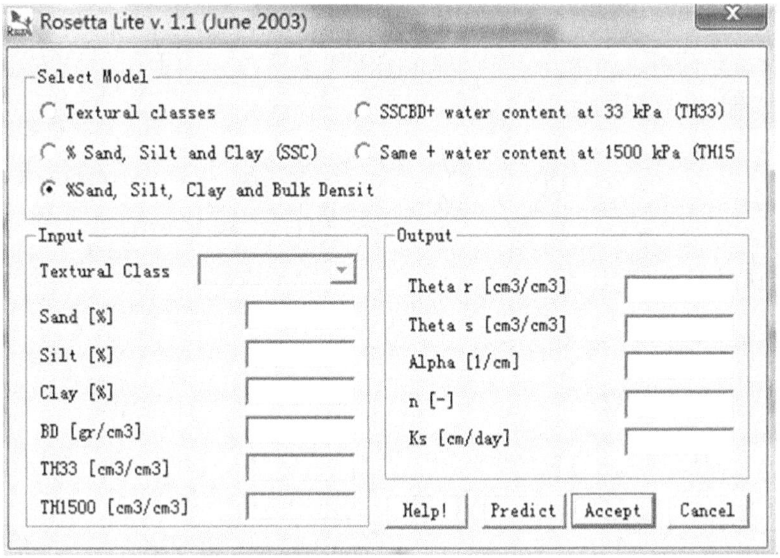

图 2-3　RETC 神经网络预测操作界面

　　首先可以选择预测的数据模型，共有五种，分别是质地分级、黏粉砂含量、黏粉砂含量和容重、黏粉砂含量和容重及其在 33kPa 下的含水量、黏粉砂含量和容重及其在 1500kPa 下的含水量。对应选择的模型类型，在输入栏输入相应的数据，点击"Predict"在输出栏会出现相应的参数值，选择"Accept"，就可以得到初步的预测值。RETC 水分特性曲线操作界面如图 2-4 所示。

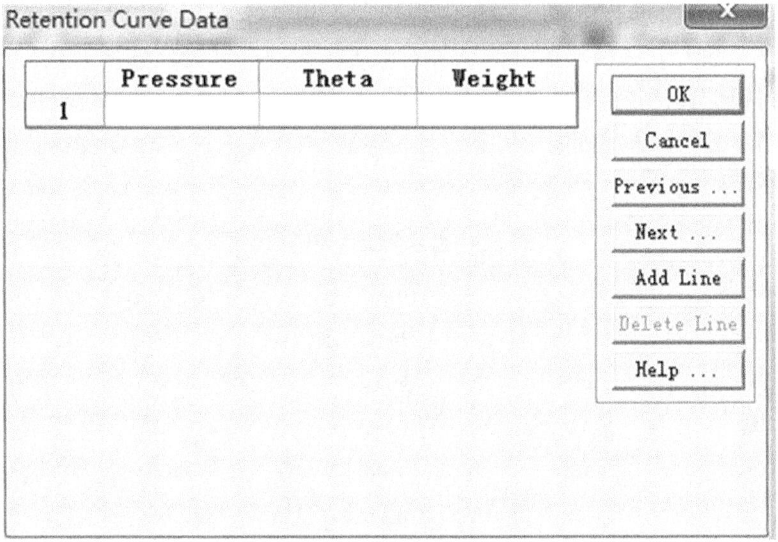

图 2-4　RETC 水分特性曲线操作界面

比水容量是土壤水分特征曲线斜率的倒数，即单位基质势变化引起土壤含水量的变化，是分析土壤水分运移和保持的重要参数之一。因此，对式(2-1)进行求导，可得出比水容量的计算公式：

$$C(h) = -\frac{\mathrm{d}\theta_\mathrm{v}}{\mathrm{d}|h|} = \frac{(\theta_\mathrm{s} - \theta_\mathrm{r})mn|\alpha h|^{n-1}}{\left[1 + |\alpha h|^n\right]^{m+1}} \qquad (2\text{-}2)$$

式中，$C(h)$ 为比水容量。

2.1.3　结果与分析

1. 数据处理与分析

试验数据均取 4 次重复的平均值，采用 Excel 2010 进行函数计算，Origin8.0 进行图表绘制，SPSS 20.0 进行统计分析。采用均方根误差(root mean square error, RMSE)和相关系数 R^2 作为评价 van Genuchten-Mualem 模型拟合效果的指标。

$$\mathrm{RMSE} = \sqrt{\frac{1}{n}\sum_{i=1}^{n}(S_i - M_i)^2} \qquad (2\text{-}3)$$

式中，n 为样本个数，S_i 和 M_i 分别为第 i 个样本的观测值和实测值。

RMSE 越小说明模型拟合效果越好；R^2 值越趋于 1 表明模型拟合效果越好。

2. 水质的主成分分析及评价

选用 pH、COD、BOD、总氮、总碱度及电导率 6 个独立水质指标进行分析(陈俊英等，2013)。用 SPSS 20.0 软件对水质指标进行主成分分析，提取出两个主成分，再根据其特征值的贡献率建立综合水质指标，进行定量评价分析，并研究其对土壤水分特征曲线的影响。各水质综合评价结果见表 2-3。综合水质指标分值越低，水质越好。

表 2-3　各水质综合评价结果

水样取样点	第一主成分 F1	第二主成分 F2	综合水质指标 Z_F	排序编号
自来水	−1.705	1.013	−1.177	0
集水口	0.685	0.423	0.633	3
厌氧池	0.839	0.340	0.740	4
氧化池	0.781	0.696	0.764	5
沉淀池	−0.047	−1.502	−0.335	2
出水口	−0.554	−0.971	−0.644	1

2.1.4　水质对土壤性质的影响

1. 水质对土壤水分特征曲线的影响

图 2-5 为不同水质的土壤水分特征曲线。可以看出，对于亲水性黏壤土、斥水性黏壤土、亲水性砂土和斥水性砂土，在不同水质条件下，随着吸力增加，土壤含水量减小；在低吸力($S \leqslant 1000cm$)范围内，土体通过大孔隙进行排水，土壤含水量变化幅度较大；当吸力较高($S > 1000cm$)时，土壤只有较小的孔隙能保留水分，因此含水量随吸力增加变化不明显。RC、RSS、WC、WSS 分别为斥水性黏壤土、斥水性砂土、亲水性黏壤土和亲水性砂土。

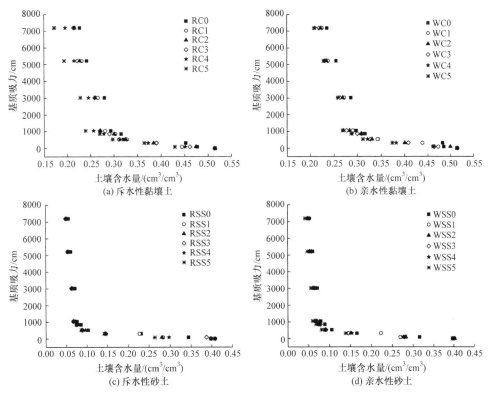

图 2-5　不同水质的土壤水分特征曲线

图例中 0～5 指表 2-3 中按照综合水质指标从小到大排序后的 6 种水质试验用水

从图 2-5(a)和(b)可以看出，随着综合水质指标增大，即水质变差，黏壤土的土-水曲线明显左移，即在相同基质吸力情况下，土壤含水量随着综合水质指标增大而减小。随着综合综合水质指标增大，水中有机质、油脂等含量增加，使得水分更难以与土壤结合，因此在相同基质吸力情况下，综合水质指标越高，对应的脱水较多，其土壤含水量越低。同时，从曲线变化形态看，水质对斥水性黏壤土土-水曲线的影响比亲水性土壤的土-水曲线影响大，这是因为斥水性土壤比亲水性土壤对水分子排斥性大，因此相同基质吸力情况下斥水性黏壤土脱水比亲水性黏壤土多，含水量较小(陈俊英等，2017)。

从图 2-5(c)和(d)可以看出，各种水质测得的砂土的土-水曲线在高基质吸力段几乎重合；在低基质吸力段随着综合水质指标增加，相同基质吸力情况下土壤含水量变小，但与黏壤土相比，水质对砂土的土-水曲线影响不大，这个结论与陈俊英等(2013)之前的研究一致，即水质对斥水性砂土的斥水持续时间影响不明显。主要是因为砂土的黏粒含量较少，而黏粒是影响土壤理化性质最重要的参数，同时再生水中的表面活性剂、大分子有机物等因素主要通过黏粒来影响土壤的参数(Schwyzer et al., 2013)。因此，着重分析黏壤土的土-水曲线 van Genuchten-Mualem 模型参数及再生水质对黏壤土水分常数、比水容量和累积当量孔径分布的影响。

采用 RETC 软件计算拟合土-水曲线模型的参数，将实际测定的数据输入软件，拟合得到各处理下土壤水分特征曲线 van Genuchten-Mualem 模型参数；同时对拟合参数进行方差分析，土壤水分特征曲线 van Genuchten-Mualem 模型拟合参数见表 2-4。

表 2-4　土壤水分特征曲线 van Genuchten-Mualem 模型拟合参数

土壤类型	处理	θ_r/(cm³/cm³)	θ_s/(cm³/cm³)	α/cm⁻¹	n	R^2	RMSE
斥水性黏壤土	RC0	0.068a	0.521a	0.009a	1.263a	0.932	0.0014
	RC1	0.068a	0.522a	0.012b	1.263a	0.826	0.0039
	RC2	0.068a	0.522a	0.012b	1.268a	0.932	0.0015
	RC3	0.067a	0.519a	0.014c	1.268a	0.957	0.0009
	RC4	0.068a	0.514a	0.014c	1.305b	0.933	0.0015
	RC5	0.068a	0.518a	0.014c	1.277c	0.918	0.0019
亲水性黏壤土	WC0	0.068a	0.523a	0.007a	1.271a	0.916	0.0020
	WC1	0.067a	0.518a	0.008b	1.270a	0.874	0.0031
	WC2	0.067a	0.518a	0.011c	1.259b	0.919	0.0019
	WC3	0.068a	0.519a	0.014c	1.255b	0.940	0.0015
	WC4	0.068a	0.520a	0.015d	1.254b	0.961	0.0007
	WC5	0.068a	0.520a	0.015d	1.254b	0.943	0.0013

注：表中不同小写字母 a、b、c 和 d 表示 0.05 水平差异显著。

从表 2-4 可以看出，对斥水性和亲水性黏壤土而言，各水质条件下的残余含水量、饱和含水量没有显著差异，原因是残余含水量是土壤水分特征曲线导数为 0 时的土壤含水量，饱和含水量近似等于基质吸力为 0 时的土壤含水量，虽然水质不同，但是测试的土壤是一样的，且容重相同，各处理的参数 α 差异显著。当压力水头接近无穷大时，α 可近似视作进气压力的倒数，即 α 的倒数可以近似表示土壤进气值 S_a。进气值指空气开始进入土体边界土颗粒或颗粒集合体孔隙时对应的基质吸力。综合水质指标与土壤进气值的关系见图 2-6。

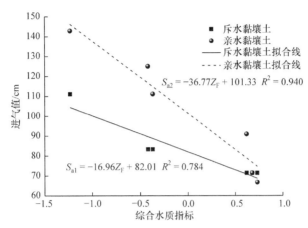

图 2-6　综合水质指标与土壤进气值的关系
S_{a1}-斥水性黏壤土进气值；S_{a2}-亲水性黏壤土进气值；Z_F-综合水质指标

从图 2-6 可以看出对于斥水性和亲水性黏壤土，进气值与综合水质指标呈线性负相关(R^2 分别为 0.784 和 0.940)，随着综合水质指标增加，土壤颗粒与水之间的吸引力减小，空气更易进入，相应的进气值就减小；同时还可以看出，再生水水质条件的影响下，斥水性土壤的进气值明显小于亲水性土壤，主要是斥水性土壤对水的吸附力比亲水性土壤小，因此在较小的吸力条件下就开始失水(Lamparter，2010)。

2. 水质对黏壤土累积当量孔径分布的影响

根据黏壤土土壤水分特征曲线 van Genuchten-Mualem 模型的参数，所得不同水质黏壤土累积当量孔径分布图见图 2-7。

参考《土壤科学百科全书》对土壤孔隙的分段，将当量孔径分为极微孔隙(< 0.3μm)、微孔隙(0.3~5μm)、小孔隙(5~30μm)、中等孔隙(30~75μm)、大孔隙(75~100μm)、土壤空隙(≥100μm)6 个孔径段，可以分析水质对土壤孔隙分布的影响(Cameron et al.，2006)。随着综合水质指标增加，黏壤土的极微孔隙减少，中等孔隙和大孔隙增加，正好验证了在低基质吸力时，随着综合水质指标增加，土壤含水量减小；微孔隙和小孔隙在各水质之间差异不明显；同时还可以看出，小于某当量孔径，累积当量孔径百分比随综合水质指标增加而增加，随着综合水质指标越大，水中的有机质、油脂等含量越多，且有机质和油脂较难与土壤颗粒结合，相当于在土粒表面有一层膜，使得水分难以储存，其当量孔径增加，因此

其累积当量孔径百分比也增加。

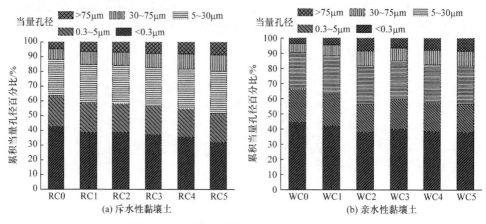

图 2-7　不同水质黏壤土累积当量孔径分布图

3. 水质对黏壤土比水容量的影响

根据拟合得出的 van Genuchten-Mualem 模型参数，不同水质黏壤土比水容量关系见图 2-8。

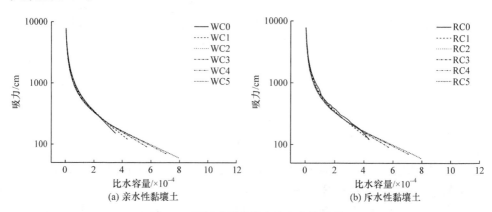

图 2-8　不同水质黏壤土比水容量关系

从图 2-8 可以看出，在低吸力段，自来水的比水容量曲线在其他水质处理的下方，综合水质指标高的比水容量曲线均在综合水质指标低的上方。综合水质指标的增加使得水分与土壤颗粒难以结合，在相同吸力时，排出的水量增加，引起的含水量变化大，因此比水容量也随之增大。同时可以看出，各水质处理条件下的比水容量随吸力增大而减小，曲线随吸力增加逐渐由缓变为陡直，这是因为土壤的水分主要存在于大小不一的孔隙中，随着吸力增大，水分先从较大的孔隙排出，再从较小的孔隙排出。较大的孔隙毛管势较小，这些孔隙中的水分在较小的吸力下就能排出,同时较大的孔隙空间较大,在持水的情况下储存的水分相对较多,在吸力增加不多的情况下也能排出较多的水分,引起较大的含水量变化,因此在吸力较小时,比水容量较大,且其随吸力变化较快,在低吸力段比水容量曲线较平缓。在高吸力段,水分由小孔隙进行排水,小孔隙的空间较小,储存的水分相对较小,随吸力的增加只能排出较少的水分,含水量的变化不大,比水容量曲线呈陡直状;当吸力继续增加,比水容量逐渐稳定,接近于零,因此各处理的比水容量曲线几乎重合。

4. 水质对黏壤土水分常数的影响

通过黏壤土土壤水分特征曲线参数,分别计算出田间持水率、凋萎系数、重力水量、有效水量、易利用水量、无效水量及易利用水比例。具体含义为田间持水率是吸力为 2×10^4 Pa 时的含水量,凋萎系数是吸力为 1.5×10^6 Pa 时的含水量,重力水量是饱和含水量与田间持水率的差,有效水量是田间持水率与凋萎系数之差,易利用水量是田间持水率与毛管断裂持水量(约为田间持水率的 65%)之差,无效水量是指凋萎系数以下的水,易利用水比例是指易利用水与饱和含水量的比值。不同处理条件下黏壤土土壤水分常数见表 2-5。

表 2-5 不同处理条件下黏壤土土壤水分常数

土壤类型	处理	田间持水率 /(cm³/cm³)	凋萎系数 /(cm³/cm³)	重力水量 /(cm³/cm³)	有效水量 /(cm³/cm³)	易利用水量 /(cm³/cm³)	无效水量 /(cm³/cm³)	易利用水比例 /%
斥水性黏壤土	RC0	0.428	0.194	0.092	0.234	0.150	0.194	28.8
	RC1	0.409	0.182	0.113	0.227	0.143	0.182	27.4
	RC2	0.406	0.183	0.116	0.223	0.142	0.183	27.2
	RC3	0.395	0.176	0.124	0.220	0.138	0.176	26.7
	RC4	0.389	0.170	0.128	0.219	0.136	0.170	26.3
	RC5	0.376	0.155	0.138	0.221	0.132	0.155	25.6
亲水性黏壤土	WC0	0.444	0.198	0.079	0.245	0.090	0.198	29.7
	WC1	0.427	0.190	0.091	0.237	0.087	0.190	28.9
	WC2	0.393	0.182	0.127	0.212	0.074	0.182	26.5
	WC3	0.409	0.186	0.109	0.223	0.080	0.186	27.6
	WC4	0.398	0.183	0.121	0.215	0.075	0.183	26.8
	WC5	0.393	0.182	0.127	0.212	0.074	0.182	26.5

从表 2-5 可以看出,对于黏壤土,随综合水质指标增加,田间持水率和凋萎系数减小。综合水质指标增加,水中的有机物、油脂很难在土壤毛管中悬着,因此其土壤毛管悬着水量的最大值随综合水质指标增加而降低,其多余的水分在重力作用下将沿着非毛管孔隙下渗,导致土壤重力水量随综合水质指标增大而

增加。在自来水和再生水条件下,斥水性土壤相应的土壤水分特征参数大多小于亲水性土壤,这也与陈俊英等(2017)研究结果相一致,不过其研究中采用自来水,而本节基于不同水质。从表 2-5 还可看出,有效水量、无效水量和易利用水量大多随着综合水质指标的增加而减小,从而易利用水比例随着综合水质指标的增加而减小,但对于再生水,其田间持水率、易利用水比例降低不显著(小于 5%),满足灌溉要求。

2.2　再生水水质对斥水性土壤入渗的影响

2.2.1　入渗装置及方案

入渗试验在西北农林科技大学旱区农业水土工程教育部重点实验室灌溉水力

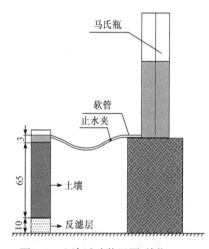

图 2-9　入渗试验装置图(单位：cm)

学试验厅完成。入渗试验装置如图 2-9 所示。供水装置是马氏瓶,提供稳定的水头。土柱高 80cm,直径 1cm,底端留有孔隙,以尽量减小空气阻力的影响,在土柱的最下层填有 10cm 的反滤层(石英砂),并在反滤层上方水平平铺 1 层纱布,防止细土粒进入反滤层。在土柱内侧涂一层凡士林,避免壁面流。黏壤土和砂壤土分别按照设计容重 $\gamma_{黏} = 1.35\text{g}/\text{cm}^3$ 和 $\gamma_{砂} = 1.65\text{g}/\text{cm}^3$ 分层装到土柱中,每层为 5cm,层间刮毛以便上下层土壤充分接触,避免产生明显的土层分离,影响土壤水分入渗运移。总装土高度为 65cm。装土结束后将土柱放置 24h 使土壤水分均

匀分布。将滤纸放置在土柱的表面以减小水流对土壤的冲击。试验过程中积水高度保持为 3cm。使用秒表记录渗透时间。在试验的前 0.5h,以 5min 的间隔记录马氏瓶标度和湿润锋,0.5~1h 的记录时间间隔为 10min,1h 后每 30min 记录一次。

每 1kg 黏壤土和砂壤土的斥水剂添加量分别为 0.2g 和 0.1g。斥水程度分别为轻微斥水和严重斥水;TW 表示自来水,TWW1、TWW2、TWW3、TWW4 和 TWW5 分别表示再生水出水口、沉淀池、集水池、厌氧池和氧化池。试验设置为三因素,共 24(2×2×6)个处理,每个处理 3 组重复,土壤类型、再生水取样位置及处理编号见表 2-6。

表 2-6　土壤类型、再生水取样位置及处理编号

土壤类型	取样位置	处理编号	
		斥水性	亲水性
黏壤土	自来水	RC-TW	WC-TW
	集水口	RC-TWW3	WC-TWW3
	厌氧池	RC-TWW4	WC-TWW4
	氧化池	RC-TWW5	WC-TWW5
	沉淀池	RC-TWW2	WC-TWW2
	出水口	RC-TWW1	WC-TWW1
砂壤土	自来水	RS-TW	WS-TW
	集水口	RS-TWW3	WS-TWW3
	厌氧池	RS-TWW4	WS-TWW4
	氧化池	RS-TWW5	WS-TWW5
	沉淀池	RS-TWW2	WS-TWW2
	出水口	RS-TWW1	WS-TWW1

试验主要观测的内容有湿润锋、累积入渗量和土壤水分分布随时间变化的过程,以及灌水结束时土壤剖面水分分布情况。湿润锋变化的趋势规律直接反映水分运移的深度,而累积入渗量和湿润体内部土壤水分分布及运移趋势能够反映灌水的效果和质量。

2.2.2　入渗模型

常用的土壤入渗模型有 Philip 模型、Kostiakov 模型、Green-Ampt 模型、Horton 模型和指数模型,均可用于描述累积入渗量(或入渗率)随时间的变化趋势。

1. Philip 模型

Philip 模型参数易确定,较适用于一维均质土壤入渗过程,其表达式为(Philip, 1957)

$$I = S \cdot t^{0.5} + A \cdot t \tag{2-4}$$

式中,I 为累积入渗量,cm;S 为土壤吸渗率,cm/min$^{0.5}$;t 为入渗历时,min;A 为稳定入渗率,cm/min。

在入渗初期,土壤吸附特性为入渗的主要影响因素,因此当试验入渗时间短至几个小时时,可以忽略稳定入渗率 A 的影响,则式(2-4)可表示为

$$I = S \cdot t^{0.5} \tag{2-5}$$

入渗时间逐渐延长时，土壤吸渗率的主导地位逐渐下降，稳定入渗率 A 成为关键参数。此模型主要应用于均质土壤入渗过程的描述，在非均质土壤中的应用还有待进一步完善。

2. Kostiakov 模型

Kostiakov 模型为经验型公式，形式简单，计算简便，广泛应用于各种条件的一维入渗，其表达式为(Kostiakov, 1932)

$$i = K \cdot t^{\alpha} \tag{2-6}$$

式中，i 为入渗率，cm/min；K、α 为经验参数，α 为负数。

3. Green-Ampt 模型

Green-Ampt 模型是基于毛细管理论的均质土壤积水入渗模型。假设在入渗过程中湿润锋以上的土壤均处于饱和状态，湿润锋锋面处土壤含水量由饱和含水量 θ_s 急剧过渡到初始含水量 θ_0，即湿润锋锋面为土壤饱和湿润区和初始含水量区完全分开，又称为活塞模型，其表达式为(Green et al., 1911)

$$i = K_s \frac{H_0 + S_f + Z_f}{Z_f} \tag{2-7}$$

式中，K_s 为土壤的饱和导水率，cm/min；S_f 为湿润锋锋面吸力，cm；Z_f 为湿润锋，取正值，cm。

当土壤表面的积水深度 H_0 较小，试验入渗时间 t 短至几个小时，入渗过程主要受重力势和基质势影响，表层积水影响相对较小，几乎可以忽略，模型可简化为

$$i = K_s \frac{H_0 + Z_f}{Z_f} \tag{2-8}$$

Green-Ampt 模型具有明确的物理意义，其各参数均易获得，应用较为广泛，但由于其基础假设的饱和状态与实际情况不同，在应用中需根据实际情况进行改进。

4. Horton 模型

Horton 模型的表达式为(Horton, 1939)

$$i = i_c + (i_0 - i_c) \cdot e^{-\omega t} \tag{2-9}$$

式中，i_c 为稳定入渗率，mm/min；i_0 为初始入渗率，mm/min；ω 为经验参数。

5. 指数模型

指数模型为经验公式，起源于 Horton 模型，表达式为

$$i = N \cdot e^{-\omega t} \tag{2-10}$$

式中，N 和 ω 为经验参数。

2.2.3　结果与分析

1. 累积入渗量的变化规律

不同水质处理土壤累积入渗量随时间的变化过程见图 2-10。

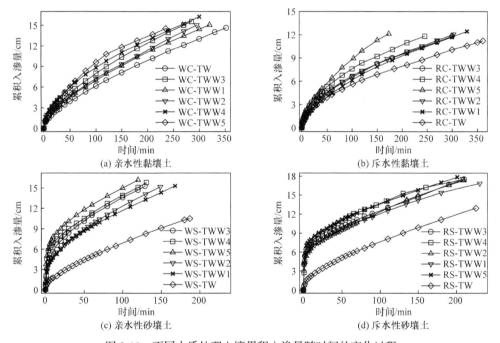

图 2-10　不同水质处理土壤累积入渗量随时间的变化过程

由图 2-10(a)可以看出，亲水性黏壤土入渗过程中，累积入渗量随时间变化的趋势大致相同，且同一时刻的累积入渗量基本随综合水质指标的增大而增大，即综合水质指标越大，亲水性土壤入渗越快。以 210min 为例，WC-TW 和 WC-TWW1~5 的累积入渗量分别是 10.17cm、11.44cm、11.76cm、12.79cm、13.19cm 和 13.69cm。入渗结束时累积入渗量相差不大，除自来水入渗(14.61cm)外，再生水入渗的累积入渗量均为 15.0~15.5cm。从图 2-10(b)可知，入渗 0~80min 斥水性黏壤土累积入渗量随时间变化趋势与亲水性黏壤土大致相同，但 80min 后综合水质指标越小，累积入渗量随时间变化的趋势越平缓，即入渗率减小；综合水质

指标较大的氧化池水后期入渗率较快。对比图 2-10(a)和(b)可以发现,自来水 TW 及再生水 TWW1~3 处理下斥水性黏壤土比亲水性黏壤土入渗慢,TWW4 和 TWW5 处理正好相反。

由图 2-10(c)可知,亲水性砂壤土中不同水质的累积入渗量差异显著,且同一时刻的累积入渗量基本随综合水质指标的增大而增大。以 90min 为例,WS-TW 和 WS-TWW1~5 的累积入渗量分别是 6.48cm、11.13cm、11.70cm、12.73cm、13.12cm 和 14.13cm;湿润锋到达 40cm 时入渗结束,累积入渗量分别为 10.50cm、15.30cm、15.17cm、15.26cm、15.83cm 和 16.21cm,除 WS-TWW1 外,累积入渗量和综合水质指标基本呈正相关关系。由图 2-10(d)可以看出,斥水性砂壤土入渗过程中,自来水与再生水之间差异显著,但 5 组再生水处理之间的差异相对于亲水性土壤明显减小,以 90min 为例,RS-TW 和 RS-TWW1~5 累积入渗量分别是 7.19cm、11.58cm、11.74cm、12.06cm、13.15cm 和 13.45cm;入渗结束时,累积入渗量分别为 12.95cm、16.85cm、17.36cm、17.54cm、17.88cm 和 17.48cm。

比较图 2-10(c)和(d)发现:相同入渗时间时斥水性砂壤土中的累积入渗量小于同一水质处理的亲水性砂壤土中的累积入渗量。以 WS-TWW3 和 RS-TWW3 为例,在入渗 90min 时,WS-TWW3 的累积入渗量为 13.70cm,RS-TWW3 为 11.73cm。因此,可以推断,无论自来水还是再生水,斥水性都会阻碍水的运移影响其入渗率,最终影响土壤入渗量。

2. 湿润锋的变化规律

不同水质处理土壤湿润锋随时间的变化过程如图 2-11 所示。

从图 2-11 中不难发现黏壤土湿润锋与累积入渗量随入渗时间的变化趋势大致相同。当不同的水入渗时,综合水质指标越大,经过相同的入渗时间湿润锋越大。TW 和 TWW1~5 在亲水性黏壤土的湿润锋达到 40cm 的入渗时间分别为 352min、320min、295min、285min、270min 和 235min。斥水性黏壤土的入渗时间分别为 361min、330min、303min、300min、245min 和 173min。自来水和再生水 TWW1~3 斥水性黏壤土中的入渗时间大于亲水性黏壤土,但 TWW4 和 TWW5 在斥水性黏壤土中入渗时间反而缩短。亲水性砂壤土 WS-TW 和 WS-TWW1~5 的湿润锋达到 40cm 的入渗时间分别为 187min、168min、149min、129min、131min 和 120min。水质对斥水性砂壤土的湿润锋影响不大。当斥水性砂壤土的湿润锋深度达到 40cm 时,RS-TW 和 RS-TWW1~5 的渗透时间分别为 234min、201min、215min、210min、208min 和 210min。不同灌溉水质的入渗时间和湿润锋在斥水性砂壤土中 TW、TWW1~TWW5 之间无显著差异($P > 0.05$)。斥水性砂壤土的湿润锋小于相同水质入渗的亲水性砂壤土。当湿润锋深度达到 40cm 时,斥水性砂壤土的渗透时间大于亲水性砂壤土的渗透时间。

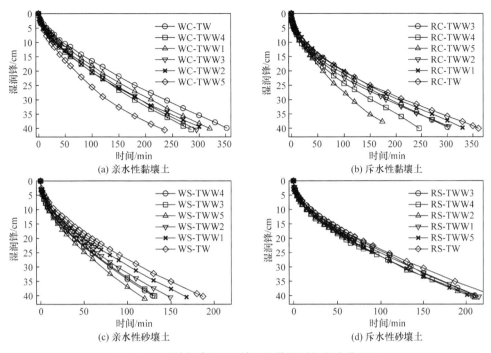

图 2-11　不同水质处理土壤湿润锋随时间的变化过程

3. 水质对吸渗率的影响

用简化的 Philip 模型拟合累积入渗量随时间变化过程，结果见表 2-7，由表可知，砂壤土的入渗过程用 Philip 模型的拟合精度比黏壤土差，但相关系数均大于0.7，均方根误差小。亲水性和斥水性砂壤土的吸渗率与综合水质指标之间存在显著的正相关关系。亲水性土壤的入渗率高于同种水质入渗条件下的斥水性土壤的入渗率。

表 2-7　入渗模型的拟合参数

处理	累积入渗量的 Philip 模型 $I=St^{0.5}$			湿润锋的幂函数模型 $Z_f=at^{0.5}$		
	吸渗率 /(cm/min$^{0.5}$)	R^2	RMSE	a/(cm/min$^{0.5}$)	R^2	RMSE
WC-TW	0.586	0.967	0.146	2.061	0.999	2.663
WC-TWW1	0.645	0.978	0.464	2.092	0.995	2.486
WC-TWW2	0.656	0.970	0.298	2.242	1.000	2.254
WC-TWW3	0.710	0.976	0.306	2.194	0.997	1.954
WC-TWW4	0.748	0.997	0.683	2.442	0.997	2.888
WC-TWW5	0.778	0.987	0.930	2.693	0.976	2.465

处理	累积入渗量的 Philip 模型 $I = St^{0.5}$			湿润锋的幂函数模型 $Z_f = at^{0.5}$		
	吸渗率 /(cm/min$^{0.5}$)	R^2	RMSE	a/(cm/min$^{0.5}$)	R^2	RMSE
RC-TW	0.573	0.998	0.146	1.931	0.957	2.389
RC-TWW1	0.663	0.994	0.464	2.058	0.960	1.757
RC-TWW 2	0.646	0.988	0.298	2.177	0.971	0.212
RC-TWW3	0.675	0.998	0.306	2.236	0.974	0.766
RC-TWW4	0.870	0.985	0.683	2.254	0.963	1.987
RC-TWW5	0.750	0.998	0.930	2.500	0.987	2.538
WS-TW	0.776	0.982	0.450	2.652	0.990	0.342
WS-TWW1	1.463	0.809	1.700	2.982	0.994	0.912
WS-TWW2	1.522	0.880	1.385	3.192	0.993	0.895
WS-TWW3	1.769	0.825	1.985	3.394	0.997	0.98
WS-TWW4	2.002	0.701	2.825	3.347	0.995	0.907
WS-TWW5	1.837	0.862	1.707	3.618	0.995	1.218
RS-TW	0.648	0.971	0.426	2.593	0.988	1.234
RS-TWW1	1.268	0.759	1.775	2.692	0.995	1.161
RS-TWW2	1.299	0.860	1.476	2.589	0.993	0.691
RS-TWW3	1.338	0.737	1.933	2.531	0.990	1.032
RS-TWW4	1.695	0.721	2.202	2.951	0.990	0.888
RS-TWW5	1.449	0.710	2.231	2.710	0.998	1.406

　　用幂函数拟合湿润锋和渗透时间之间的关系,以分析水质对土壤湿润锋的影响。该模型的数学表达式如下:

$$Z_f = at^{0.5} \tag{2-11}$$

式中,Z_f 是湿润锋,cm;a 是湿润锋运移系数,cm/min$^{0.5}$。

　　入渗模型的拟合参数见表 2-7。湿润锋的拟合精度较高($R^2 \geqslant 0.957$,RMSE $\leqslant$ 2.888),尤其砂壤土相关系数均大于等于 0.988。水质对斥水性砂壤土的影响不大,亲水性砂壤土的 a 随着综合水质指标的增加而增加。

　　灌溉水质对入渗的影响主要体现在其对土壤溶质势的影响上,土壤溶质势与水质指标中的电导率密切相关。电导率越高,土壤溶质势越大,水对土壤水分运移的影响越明显。自来水的电导率小于再生水,电导率越大,累积入渗量越大,因此再生水入渗时土壤累积入渗量大于自来水入渗。由于五种再生水水质电导率差异较小,累积入渗量差异不大。由于溶质势差异较大,亲水性砂壤土的湿润锋随综合水质指标的增加而减小。溶质势的不同是因为 TWW 含有许多溶质离子。

在基质势和重力势相同的条件下，由于溶质势不同，累积入渗量相同，润湿锋变化较大。斥水性严重阻碍了水的入渗，因此综合水质指标对斥水性砂壤土湿润锋的运移没有显著影响。可能是所含物质引起的溶质势小于 TW 和 TWW 对斥水性的抑制作用。因此，自来水与 5 组再生水对湿润锋的影响不显著。

再生水中包括很多的成分，仅用单一的水质指标来分析入渗的影响是不够的。例如，水质指标中的总悬浮物质描述了水中不溶物的数量。悬浮物在入渗过程中会沉积在表层或堵塞土壤孔隙，使土壤表层结皮、孔隙减少；土壤入渗率和导水率均显著降低，这是土壤斥水性的原因之一。

灌溉水质对入渗的影响显著，累积入渗量和入渗率一般随综合水质指标的增加而增加。同一水质入渗时，斥水性砂壤土的吸渗率多小于亲水性砂壤土(表 2-7)，综合水质指标由小到大(TW、TWW1～5)，吸渗率分别降低 16.5%、13.3%、14.7%、24.4%、15.3%和 21.1%。

由于试验周期较短，TWW 中悬浮物质在短期入渗过程中对土壤孔隙的影响并不明显。砂壤土的颗粒较大，土壤孔隙较大，堵塞程度较轻。已有研究中土壤入渗率和导水率明显下降，这是污水或 TWW 灌溉引起的高黏土含量使土壤堵塞现象明显(Lado et al.，2009)。因此，悬浮物是再生水长期灌溉时必须考虑的重要指标。

再生水灌溉亲水性土壤时水分运移速率较高。因此，当灌水量固定时，必须缩短灌溉时间，否则会造成深渗漏，而再生水中含有很多的污染离子，可能导致地下水污染和土壤养分流失。相同灌溉时长，用再生水在斥水性土壤和亲水性土壤中入渗时湿润锋无明显差异。灌溉相同时间综合水质指标越大，灌溉量越大，这将导致水在土壤上层停留较长时间，难以达到灌溉设计的计划湿润层。同时会使水分集中在土壤表层导致蒸发增加，水利用效率降低。因此，在斥水性土壤中，为了提高土壤的有效灌溉深度，应减少灌溉时间，采用高频小流量的灌溉方式。

4. COD 对入渗参数的影响

对于污水灌溉，斥水性是由于土壤中有机物的增加(陈俊英等，2013；Morales et al.，2010)。在 TWW 灌溉中，水中的油脂含量对土壤的斥水性有很大的影响，且土壤的斥水性随着油脂的增加而增加(Travis et al.，2008)。土壤中有机物含量的增加，砂壤土和黏壤土的斥水性均会随之增加。在渗透过程中，有机物和油脂影响土壤液体的表面张力，进而影响土壤颗粒与水分子的相互作用，它会影响土壤水分运移过程中的毛细管力。灌溉水中的有机物含量可以用化学需氧量(chemical oxygen demand，COD)COD 来表示。土壤吸渗率(S)与化学需氧量(COD)的关系如图 2-12 所示。

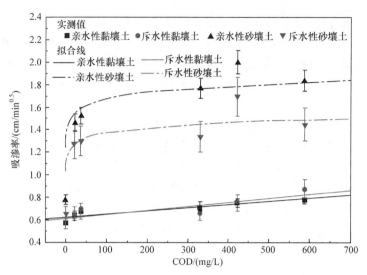

图 2-12　土壤吸渗率(S)与化学需氧量(COD)的关系

由图可知，黏壤土的吸渗率 S 与 COD 呈线性正相关关系，砂壤土的吸渗率 S 与 COD 呈幂函数关系。函数关系式如下。

亲水性黏壤土：

$$S_{WC} = 0.00028COD + 0.620 \qquad R^2 = 0.865 \qquad (2\text{-}12)$$

斥水性黏壤土：

$$S_{RC} = 0.00035COD + 0.620 \qquad R^2 = 0.666 \qquad (2\text{-}13)$$

亲水性砂壤土：

$$S_{WS} = 1.336COD^{0.049} \qquad R^2 = 0.971 \qquad (2\text{-}14)$$

斥水性砂壤土：

$$S_{RS} = 1.104COD^{0.046} \qquad R^2 = 0.950 \qquad (2\text{-}15)$$

对于亲水性和斥水性砂壤土，当 COD 小于一定值时，COD 对入渗的影响是明显的。当 COD 超过该值时，虽然 COD 变化较大，但入渗率的变化较小。根据函数关系式可以计算出，若以 0.05cm/min$^{0.5}$ 的入渗变化率作为临界点，亲水性砂壤土灌溉用水的 COD 大于 170mg/L，斥水性砂壤土大于 140mg/L 时，COD 对灌溉的影响不大。

5. 综合水质指标对吸渗率和湿润锋运移系数的影响

再生水中离子含量、悬浮物、有机物、油脂等对渗透均有影响。以往的研究主要集中于单一水质指标对入渗的影响，但各成分对土壤入渗的影响不同，且有相互影响,用单一水质指标进行分析不够客观和准确。因此,有必要利用综合水质指标来分析水质对入渗的影响。土壤吸渗率与综合水质指标的关系如图 2-13 所示。

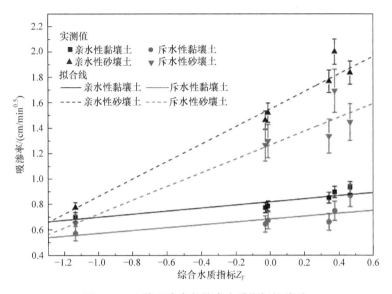

图 2-13　土壤吸渗率与综合水质指标的关系

砂壤土的吸渗率 S 随着 Z_F 的增加而增加,且吸渗率 S 与 Z_F 呈线性正相关关系(斥水性和亲水性砂壤土的 R^2 分别为 0.950 和 0.980)。函数关系式如下。

亲水性黏壤土:

$$S_{WC} = 0.129Z_F + 0.842 \qquad R^2 = 0.766 \qquad (2\text{-}16)$$

斥水性黏壤土:

$$S_{RC} = 0.132Z_F + 0.696 \qquad R^2 = 0.522 \qquad (2\text{-}17)$$

亲水性砂壤土:

$$S_{WS} = 1.553Z_F + 0.724 \qquad R^2 = 0.980 \qquad (2\text{-}18)$$

斥水性砂壤土:

$$S_{RS} = 1.269Z_F + 0.571 \qquad R^2 = 0.950 \qquad (2\text{-}19)$$

不难看出,综合水质指标越大,土壤的吸渗率越大,土壤水分入渗的速率越快。再生水的水质对砂壤土的入渗率有很大影响,对黏壤土的影响较小,这是由于黏壤土的黏粒含量较多,土壤孔隙较小,入渗率较小,水质对其影响范围也较小。从图 2-13 中可以看出斥水性土壤的吸渗率均小于亲水性土壤,且斥水性土壤的斜率较小,说明土壤的斥水性会导致入渗时的土壤吸渗率下降,也会减缓入渗率随综合水质指标的增加而增加的趋势。土壤的斥水性会降低土壤的入渗，也会减缓土壤的吸渗率随 Z_F 增加而增加的趋势。对于亲水性土壤，再生水的水质对增加土壤入渗更为重要。在相同水质下，亲水性土壤的吸渗率大于斥水性土壤。因此，为了减少灌溉时间，单纯提高综合水质指标，不会增加土壤入渗率。综合水质指标的选择应在合理范围内。

湿润锋运移系数 a 与综合水质指标的关系如图 2-14 所示。

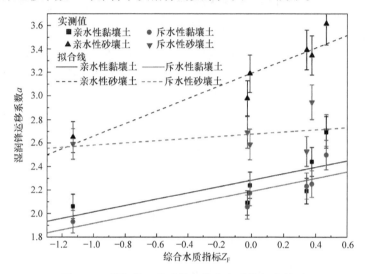

图 2-14　湿润锋运移系数与综合水质指标的关系

湿润锋运移系数 a 随着综合水质指标 Z_F 的增大而增大，基本呈线性正相关关系。由于斥水性的影响，综合水质指标 Z_F 对斥水性砂壤土的湿润锋运移系数 a 影响不大。水质没有改变斥水性对黏壤土累积入渗量的影响。

在农田灌溉时，灌溉制度的确定需要同时考虑土壤的含水量也需要考虑作物的根系，进而判断所需灌溉的计划湿润锋深度。由图 2-13 和图 2-14 可知，斥水性及再生水水质对砂壤土的影响差异较大，可能是湿润锋上方的土壤含水量差异较大，S 与累积入渗量有关，得到 S 和 a 的比值，分析其影响的差异。

吸渗率和湿润锋运移系数的比值与综合水质指标的关系如图 2-15 所示。

黏壤土的 S/a 随综合水质指标 Z_F 变化较小，基本保持水平。砂壤土的 S/a 与 Z_F 之间存在明显的非线性关系。综合水质指标 Z_F 增加时，S/a 呈先减小后增大的规律，存在最小值。亲水性和斥水性砂壤土的最小值分别在 0.59 和 0.10 附近。S/a 反映湿润体中水的体积，即润湿体内平均含水量的增加。当斥水性砂壤土灌溉水质的综合水质指标 Z_F 超过 0.10 时，随着 Z_F 的增大 S/a 增加，表明在相同的灌水量下，湿润锋运移系数降低，也就是说，灌溉量的增加并不会使有效湿润深度显著增加。因此，在灌溉斥水性砂壤土时，再生水的综合水质指标 Z_F 值应小于 0.10。

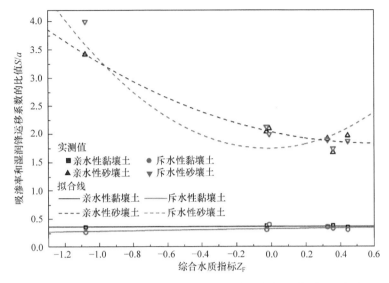

图 2-15　吸渗率和湿润锋运移系数的比值与综合水质指标的关系

然而，当亲水性砂壤土的最小 Z_F 值约为 0.59 时，水质指标严重超过了我国农业灌溉水质标准，不适合灌溉。因此，使用再生水灌溉时，需要考虑作物生长、环境和长期灌溉对土壤斥水性的影响，而不是简单地考虑其对入渗特性的影响。

2.3　层状斥水性土壤入渗模型

2.3.1　经典及修正的 Green-Ampt 模型

Green-Ampt 模型适用土层积水入渗，认为土层存在明显的湿润锋，湿润锋之上为饱和区，湿润锋之下为非饱和区，模型假设土壤的初始含水量是相同的。Green-Ampt 的公式为

$$i = K_s \frac{Z_f + S_f + H}{Z_f} \tag{2-20}$$

式中，K_s 为土壤饱和导水率，cm/min；Z_f 为土层湿润锋，cm；S_f 为湿润锋锋面吸力，cm；H 为压力水头，cm。

斥水性土壤的导水率和入渗率降低造成水分难以入渗。在土壤内部形成的渗流通道仅占剖面很小的一部分，水分会顺着通道流入土壤中湿润部分下层土壤，但其余上层部分土壤还是干的(Cammeraat et al.，1999；Wang et al.，1998)。斥水性土壤湿润锋的不规则运移势必导致土壤剖面含水量的不均匀分布。因此，结合前人研究成果，对应斥水性土壤的 Green-Ampt 模型做以下假设：①土体存在明显

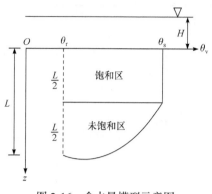

图 2-16　含水量模型示意图

的湿润锋分界面，且湿润锋前土壤含水量仍为均匀的初始含水量。②在入渗中，将湿润锋划分为相同深度的两部分，一部分为饱和区，一部分为未饱和区。目前的研究已表明未饱和区含水量分布规律可以采用椭圆曲线来表示(杨校辉等，2014)，因此本章假设未饱和区含水量分布符合 1/4 椭圆曲线，含水量模型示意图如图 2-16 所示。

斥水层的存在势必导致饱和导水率的变化，因此本章使用整个土柱在深度方面的平均导水率，即 $K_s = \overline{K_s}$，Bouwer (1969，1966)建议取土壤导水率为 0.5 倍饱和导水率，因此本小节取 0.5 倍的饱和导水率为最终的模型取值。

在整个入渗过程中，只需要求得土柱的平均导水率 $\overline{K_s}$ 和湿润锋前的基质吸力，便可以得到斥水层土壤的 Green-Ampt 模型入渗率。

2.3.2　参数计算

1. 基质吸力计算

基质吸力的求解可以采用三种方式，其一是通过 van Genuchten-Mualem 模型参数来求解(van Genuchten，1980)。土壤的实际非饱和导水系数计算如下：

$$K(h) = \frac{K_s\{1 - (\alpha h)^{mn}[1 + (\alpha h)^n]^{-m}\}^2}{[1 + (\alpha h)^n]^{ml}} \tag{2-21}$$

式中，K_s 为饱和导水率，cm/min；l 一般取 0.5。

$$m = 1 - \frac{1}{n} \tag{2-22}$$

基质吸力计算参考 Neuman(1976)和 Mein 等(1974)，其计算公式如下：

$$S_f = \int_0^{S_i} K_r \mathrm{d}S \tag{2-23}$$

式中，S_i 为土壤的初始吸力，cm；S 为土壤吸力，cm；K_r 为土壤相对导水率。

张光辉等(2000)认为土壤初始基质吸力的求解可以采用如下公式：

$$S_i = \frac{1}{2\alpha\left[mn(1+2)+1\right]}\left[1 - \left(\frac{\theta_s - \theta_r}{\theta_i - \theta_r}\right)^{-\left(1+2+\frac{1}{mn}\right)}\right] \tag{2-24}$$

式中，θ_i 为土体初始含水量，cm³/cm³。

$$K_r = \frac{K(h)}{K_s} \tag{2-25}$$

其二，基质吸力可以通过 Brooks-Corey(BC)模型参数来求解，公式如下：

$$\frac{\theta - \theta_r}{\theta_s - \theta_r} = \begin{cases} (\alpha'h)^{-\lambda} & \alpha'h > 1 \\ 1 & \alpha'h \leqslant 1 \end{cases} \tag{2-26}$$

式中，α' 为经验参数，cm⁻¹，是 h_a 的倒数；λ 是土壤孔隙尺寸的分布参数。即

$$h_a = \frac{1}{\alpha'} \tag{2-27}$$

式中，h_a 是进气值，cm。

其基质吸力计算来自 Bouwer(1969)，公式为

$$S_f = \frac{h_a}{2} \tag{2-28}$$

其三是基于 Green-Ampt 模型与 Philip 模型的相关关系推求基质吸力，温馨等(2020)得到基质吸力计算公式为

$$S_f = \frac{4S^2}{(4+\pi)K_s(\theta_s - \theta_r)} - H \tag{2-29}$$

式中，S 为 Philip 模型中土壤的吸渗率，由拟合得到；H 为压力水头，cm。

根据水量守恒原理，整个入渗过程中，累积入渗量曲线可以表示为

$$\text{CI} = \sum_{i=1}^{N} D_i(\theta_{s,i} - \theta_{r,i}) + \left(Z_f - \sum_{i=1}^{N} D_i\right)(\theta_{s,N+1} - \theta_{i,N+1}) \tag{2-30}$$

假设未饱和区含水量符合 1/4 椭圆曲线，该模型的入渗量曲线计算公式如下：

$$\text{CI} = (0.5 + 0.125\pi)\left[\sum_{i=1}^{N} D_i(\theta_{s,i} - \theta_{r,i}) + \left(Z_f - \sum_{i=1}^{N} D_i\right)(\theta_{s,N+1} - \theta_{i,N+1})\right] \tag{2-31}$$

式中，CI 为土壤的累积入渗量，cm；D_i 为第 i 层的土层厚度，cm；$N+1$ 为饱和土壤层数 N 后面的一层土壤。

将湿润锋划分为相同深度的两部分，一部分为饱和区，一部分为未饱和区，则可以得到湿润锋公式：

$$Z_f = 4\sqrt{\dfrac{2\overline{K_s}(S_f + H)t}{(4+\pi)(\theta_s - \theta_i)}} \tag{2-32}$$

2. 饱和导水率的调和平均值

若研究土层为均质土层，则饱和导水率为一常数。若为几种土质夹层组成的非均质土，则该土层的有效饱和导水率为各土层的饱和导水率平均值，计算公式为(韩用德等，2001)

$$\overline{K_s} = \dfrac{\displaystyle\sum_{i=1}^{N+1} D_i}{\displaystyle\sum_{i=1}^{N+1} \dfrac{D_i}{k_{s,i}}} \tag{2-33}$$

式中，$\overline{K_s}$ 为湿润土层有效饱和导水率，cm/min；$k_{s,i}$ 为第 i 层土壤的饱和导水率，cm/min。

因此，三种基质吸力下的 Green-Ampt 入渗率模型为

$$i = 0.5\overline{K_s}\dfrac{Z_f + S_f + H}{Z_f} \tag{2-34}$$

2.3.3　修正模型的验证及分析

1. 试验设置

为检验本模型对层状斥水性土壤水分入渗的适用性，将测定的不同斥水程度土壤的入渗率、湿润锋深度、累积入渗量与模型的计算值进行比较，用均方根误差 RMSE 来判定适用性。

试验用土为黏壤土，取自陕西渭河耕地表层，土样经过风干后过 2mm 筛子，土壤黏粒、粉粒和砂粒的质量分数分别为 17.36%、45.28% 和 37.36%。斥水性土壤的获取方法有多种，采用向土壤中添加一定剂量的斥水剂(十八烷基伯胺)来制备具有稳定性的斥水性土壤(Doerr et al.，2000)。根据 WDPT 将斥水性土壤主要划分为 5 个等级(Doerr，1998)，亲水(WDPT < 5s)、轻微斥水(5s ≤ WDPT < 60s)、强度斥水(60s ≤ WDPT < 600s)、严重斥水(600s ≤ WDPT < 3600s)、极端斥水(WDPT ≥ 3600s)。供试土壤斥水程度、斥水剂添加量、WDPT 和饱和导水率(K_s)见表 2-8。

表 2-8　供试土壤斥水等级、斥水剂添加量、WDPT 和饱和导水率

十八烷基伯胺添加量/(g/kg)	WDPT/s	斥水等级	K_s/(cm/min)
0	<1	亲水	0.0305
0.2	20	轻微斥水	0.0210

<table>
<tr><td colspan="4" align="right">续表</td></tr>
</table>

十八烷基伯胺添加量/(g/kg)	WDPT/s	斥水等级	K_s/(cm/min)
0.4	280	强度斥水	0.0165
0.6	1850	严重斥水	0.0125
1.0	4500	极端斥水	0.0090

　　水分特征曲线模型中土壤水力特性参数列于表 2-9，由定水头法测得饱和导水率，高速冷冻离心机测得土壤水分特征曲线，根据 RETC 获得土壤的各水力特性参数。

表 2-9　水分特征曲线模型中土壤水力特性参数

| 斥水等级 | van Genuchten-Mualem 模型 | | | | | Brooks-Corey 模型 |
| | 测量值 | | | 拟合值 | | 拟合值 |
	K_s/(cm/min)	θ_r/(cm³/cm³)	θ_s/(cm³/cm³)	α	n	α'/cm⁻¹
亲水	0.0305	0.13	0.48	0.013	1.232	0.0237
轻微斥水	0.0210	0.13	0.48	0.018	1.230	0.0283
强度斥水	0.0165	0.13	0.47	0.797	1.170	0.7162
严重斥水	0.0125	0.13	0.45	12.967	1.112	10.0860
极端斥水	0.0090	0.13	0.41	71.314	1.107	660.7600

　　设计了一组亲水性土壤处理(T0)和 5 组不同斥水程度的层状斥水性土壤处理(T1~T5)，不同深度斥水性土壤试验处理列于表 2-10。

表 2-10　不同深度斥水性土壤试验处理

项目	土层深度	T0	T1	T2	T3	T4	T5
不同深度	(0~5cm)	W	ST	SE	SE	E	E
斥水程度	(5~10cm)	W	SL	SL	ST	ST	SE

注：表中 W、SL、ST、SE 和 E 分别表示亲水、轻微斥水、强度斥水、严重斥水和极端斥水。

2. 基质吸力与十八烷基伯胺添加量的关系

　　图 2-17 为不同基质吸力计算方法下基质吸力与十八烷基伯胺添加量的关系。

　　由图 2-17 可见，基质吸力随着斥水剂添加量的增加而减小，其关系曲线都符合指数函数关系：

$$y = ae^{-bx} \tag{2-35}$$

式中，y 表示基质吸力值，cm；x 表示十八烷基伯胺添加量，g；a、b 为参数。

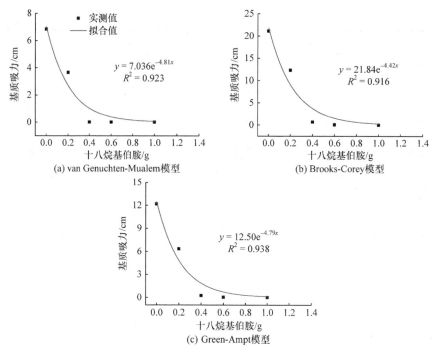

图 2-17　不同基质吸力计算方法下基质吸力与十八烷基伯胺添加量的关系

书中各分图图例相同时仅标注于分图(a)

图 2-17 表明三种基质吸力计算值与指数函数式(2-35)的拟合度很高，其相关系数分别为 0.923、0.916 和 0.938，这表明式(2-35)可以有效表达黏壤土斥水剂添加量与其基质吸力的关系，可以为斥水性土壤基质吸力的估算提供参考。

3. 各处理传统及修正模型的累积入渗量

图 2-18 分别给出了各处理累积入渗量实测值、传统模型模拟值和修正模型模拟值。

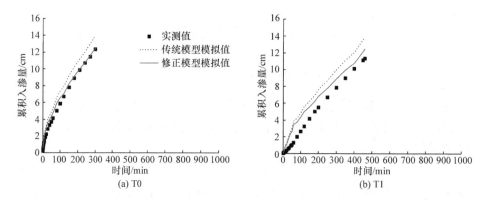

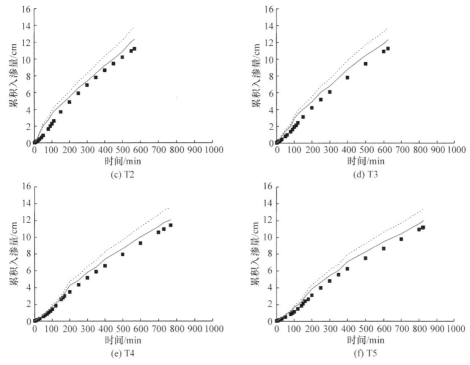

图 2-18　各处理累积入渗量实测值、传统模型及修正模型模拟值

此修正模型为经验模型，在水量平衡原理的基础上结合大量实际观测数据，认为入渗深度一分为二，一半深度土壤为饱和，一半非饱和。传统模型(传统 Green-Ampt 模型)计算得到的累积入渗量明显大于各处理实测值，说明传统 Green-Ampt 模型的土层含水量分布假设存在问题。斥水性土壤水分入渗过程中存在优先流和指流(Kramers et al.，2005；Cammeraat et al.，1999；Wang et al.，1998)，水分虽然透过斥水层进入次层土，指流使水分更易在垂直方向流动，减缓水平方向流速，因此短时间内斥水层不易达到饱和状态(Dekker et al.，2000)，导致模型模拟值总是大于实测值。

传统模型与修正模型模拟结果的 RMSE 见表 2-11。结合图 2-18 表明，相比传统模型，修正模型计算值更加接近实测值。各处理修正模型的 RMSE 最大值为 1.185，平均值为 0.694，而各处理传统模型的 RMSE 最大值为 2.104，平均值为 1.696(表 2-11)。修正模型亲水处理 T0 的 RMSE 为 0.500，并且修正的入渗量计算方法对不同斥水程度的试验处理并没有表现出差异，对各斥水处理入渗量拟合效果比较精确。这说明修正模型可以有效估算亲水性土壤与层状斥水性土壤的入渗量变化。

表 2-11　传统模型与修正模型模拟结果的 RMSE

处理	传统模型	修正模型
T0	1.120	0.500
T1	1.792	1.185
T2	1.398	0.759
T3	2.104	0.730
T4	1.677	0.442
T5	2.087	0.546
平均值	1.696	0.694

4. 各处理传统及修正模型的入渗率

图 2-19 对比了各处理入渗率实测值及基于三种基质吸力求解的 Green-Ampt 模型入渗率，修正的 Green-Ampt-VG、Green-Ampt-BC 及 Green-Ampt-GP 模型对各处理对应的 RMSE 平均值分别为 0.036、0.137 和 0.062。

Green-Ampt-VG 模型的模拟效果明显最好，整个入渗期间，该模型入渗率模拟值都较接近实测值，曲线走势几乎等同于实测曲线。且由处理 T0 可以看出，该模型同样适用于亲水性土壤，RMSE 值为 0.027。Green-Ampt-GP 模型模拟效果次之，该模型结果显示在入渗初期模拟值远大于实测值，这与斥水性土壤的初期入

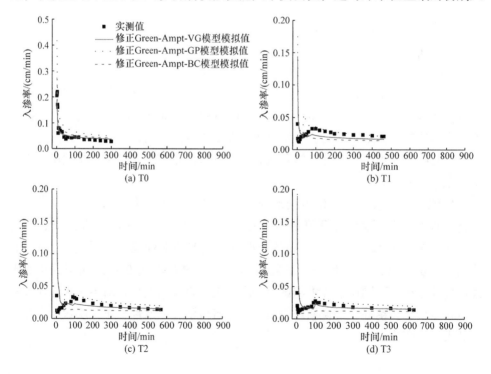

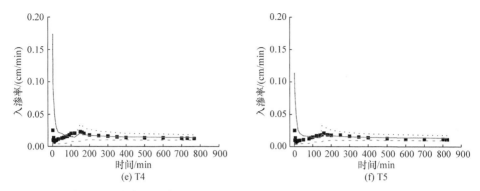

图 2-19　各处理入渗率实测值及基于三种基质吸力求解的 Green-Ampt 模型入渗率曲线

渗率变化不符，以 T4 和 T5 为例，强斥水程度土壤在入渗初期入渗率很小，而模型结果远大于实测值。Green-Ampt-BC 模型模拟效果最差，该模型的模拟值在整个入渗期间大多小于实测值。不同处理在斥水层与亲水层接触处的入渗率差异，正是因为湿润锋后的干土吸水能力随斥水等级减小而增大，斥水层下层可湿性土壤迅速将水分从上面的土壤中吸走，所以入渗率曲线会有波动(Rye et al.，2017)。在亲水处理 T0 中不会出现这种现象。

5. 各处理传统及修正模型的湿润锋

为了验证修正的 Green-Ampt 模型对斥水性土壤湿润锋的模拟效果，图 2-20 给出了各处理实测及计算的湿润锋。基于三种基质吸力求解下各 Green-Ampt 模型的 RMSE 见表 2-12。

修正的 Green-Ampt-VG、Green-Ampt-BC 和 Green-Ampt-GP 模型对应的各处理湿润锋的 RMSE 平均值分别为 3.976、15.152 和 8.301。可见，Green-Ampt-VG 模型对湿润锋的拟合效果最好，各斥水处理的湿润锋模拟值都较接近实测值，对亲水处理 T0 模拟效果也最佳，RMSE 为 0.916(表 2-12)，说明该模型同样适用于模拟亲水性土壤湿润锋运移。

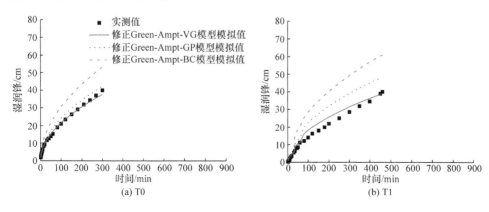

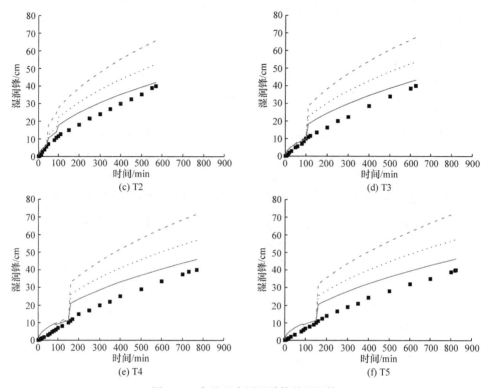

图 2-20　各处理实测及计算的湿润锋

表 2-12　基于三种基质吸力求解的各 Green-Ampt 模型的 RMSE

模型	处理	入渗率	湿润锋
Green-Ampt-VG	T0	0.027	0.916
	T1	0.029	2.516
	T2	0.047	4.230
	T3	0.042	4.549
	T4	0.038	5.758
	T5	0.029	5.888
	平均值	0.036	3.976
Green-Ampt-BC	T0	0.626	8.097
	T1	0.037	13.834
	T2	0.048	16.912
	T3	0.043	15.553
	T4	0.038	17.757
	T5	0.029	18.761
	平均值	0.137	15.152

模型	处理	入渗率	湿润锋
	T0	0.027	2.458
	T1	0.031	6.950
	T2	0.097	9.350
Green-Ampt-GP	T3	0.083	9.076
	T4	0.071	10.720
	T5	0.064	11.250
	平均值	0.062	8.301

Green-Ampt-GP 模型的结果虽然也比较接近实测值，各处理的 RMSE 最大为 11.250，但是相比 Green-Ampt-VG 模型模拟值，该模型效果稍差，因此该模型不适用于估算湿润锋。Green-Ampt-BC 模型的模拟值偏差最大，对各个处理的偏差都大，这说明该模型不适于对斥水性土壤湿润锋的模拟。T1～T5 处理中 Green-Ampt-VG、Green-Ampt-BC 和 Green-Ampt-GP 模型模拟湿润锋曲线在斥水层与亲水层处都出现突增，曲线上升趋势不符合土壤入渗规律。湿润锋曲线主要是基质吸力与时间和含水量的函数关系，时间与含水量皆为定值，因此基质吸力的变化是曲线出现突增的主要原因。

在试验设计中，考虑到斥水性土壤空间分布的变异性，设计了随深度增加的斥水程度变化的试验处理。目前研究只表明斥水程度有随深度增加而减弱的迹象 (Keizer et al.，2007)，但并没有具体的深度划分，斥水程度在深度方面不会突然变化，但是很难界定其分界，因此只考虑了由强及弱的 10cm 深度的斥水程度变化，层状斥水处理的层间斥水程度变化比较突兀。例如，T3～T5 处理在 10cm 深度后再没有涉及斥水程度的变化，10cm 后为亲水性土壤，导致不同层间斥水性土壤基质吸力的计算值出现突增。一旦层间土壤的基质吸力变化较大，湿润锋曲线便会出现这种突增现象。在实际土壤入渗阶段，由于水分运移的连续性，层间湿润锋运移不会在瞬间突然增加，仅是运移的快慢之分。例如，T1 和 T2 处理，层间斥水程度接近，曲线上升便不会出现大幅突增，T0 各深度皆为亲水性土壤，曲线上升平滑。修正的 Green-Ampt-VG 模型湿润锋突变幅度小于 Green-Ampt-BC 模型，这表明 van Genuchten-Mualem 模型推导得到的基质吸力值更加符合实际值，在 Green-Ampt-VG 模型基质吸力求解中，引入了初始含水量基质吸力计算公式，基质吸力值不易用试验直接测定，通过公式获得初始吸力，为求湿润锋处平均基质吸力解决了一大难题。

2.4　本章小结

随着综合水质指标的增加，斥水性和亲水性黏壤土的土-水曲线明显向左推移，相同基质吸力条件下的含水量减小，水质对斥水性黏壤土的土-水曲线影响大于亲水性黏壤土；水质对斥水性和亲水性砂土的土-水曲线影响不显著。

对于斥水性和亲水性黏壤土，不同水质之间的饱和含水量和残余含水量没有显著差异，但 a 差异显著，土壤进气值与综合水质指标呈线性负相关（R^2 分别为0.784 和 0.940）；在相同水质条件下，斥水性土壤的进气值小于亲水性土壤。

随着综合水质指标的增加，斥水性和亲水性黏壤土的极微孔隙降低、中等孔隙和大孔隙增加，微孔隙和小孔隙在各水质之间差异不明显；小于某当量孔径，累积当量孔径百分比随综合水质指标增加而增加。

对于斥水性和亲水性黏壤土，随着综合水质指标的增加，田间持水率和凋萎系数减小，有效水量、无效水量和易利用水量随着综合水质指标的增加而减小，但再生水的田间持水率、易利用水比例降低不显著，满足灌溉要求。

砂壤土吸渗率 S 与 COD 之间存在幂函数关系。同时，吸渗率 S 和湿润锋运移系数 a 的比值与综合水质指标 Z_F 之间存在二次多项式关系，曲线中存在最小值。

当考虑再生水灌溉的累积入渗量和湿润锋的影响时，亲水性砂壤土灌溉用水的 COD 和 Z_F 分别小于 170mg/L 和 0.59，斥水性砂壤土灌溉用水的 COD 和 Z_F 分别小于 140mg/L 和 0.10。黏壤土则主要需要考虑再生水水质对生态、环境、作物及人体健康的影响。

不同基质吸力计算公式获得的模型对斥水性土壤入渗率和湿润锋模拟效果最好的是 van Genuchten-Mualem 模型经基质吸力修正的 Green-Ampt-VG 模型，且该模型也适用于亲水性土壤。

参 考 文 献

陈俊英, 刘畅, 张林, 等, 2017. 斥水程度对脱水土壤水分特征曲线的影响[J]. 农业工程学报, 33(21): 188-193.

陈俊英, 张智韬, GILLERMAN L, 等, 2013. 影响土壤斥水性的污灌水质主成分分析[J]. 排灌机械工程学报, 31(5): 434-439.

韩用德, 罗毅, 于强, 等, 2001. 非均匀土壤剖面的 Green-Ampt 模型[J]. 中国生态农业学报, 9(1): 31-33.

温馨, 胡志平, 张勋, 等, 2020. 基于 Green-Ampt 模型的饱和-非饱和黄土入渗改进模型及其参数研究[J]. 岩土力学, 41(6): 1-10.

杨校辉, 黄雪峰, 朱彦鹏, 等, 2014. 大厚度自重湿陷性黄土地基处理深度和湿陷性评价试验研究[J]. 岩石力学与工程学报, 33(5): 1063-1074.

张光辉, 邵明安, 2000. 用土壤物理特性推求 Green—Ampt 入渗模型中吸力参数 S_f[J]. 土壤学报, 37(4): 553-557.

BOUWER H, 1966. Rapid field measurement of air entry value and hydraulic conductivity of soil as significant parameters in flow system analysis[J]. Water Resources Research, 2(4): 729-738.

BOUWER H, 1969. Infiltration of water into nonuniform soil[J]. Journal of Irrigation and Drainage Division, 95(4): 451-462.

CAMERON K C, BUCHAN G D, 2006. Encyclopedia of Soil Science[M]. Boca Raton: CRC Press.

CAMMERAAT L H, IMESON A C, 1999. The evolution and significance of soil-vegetation patterns following land abandonment and fire in Spain[J]. Catena, 37(1-2): 107-127.

DEKKER L W, RITSEMA C J, 2000. Wetting patterns moisture variability in water repellent Dutch soils[J]. Journal of Hydrology, 231: 148-164.

DOERR S H, 1998. On standardizing the 'Water Drop Penetration Time' and the 'Molarity of an Ethanol Droplet' techniques to classify soil hydrophobicity: A case study using medium textured soils[J]. Earth Surface Processes and Landforms, 23(7): 663-668.

DOERR S H, SHAKESBY R A, WALSH R P D, 2000. Soil water repellency: Its causes, characteristics and hydro-geomorphological significance[J]. Earth Science Reviews, 51(1): 33-65.

GREEN W H, AMPT G A, 1911. Studies on soil physics[J]. The Journal of Agricultural Science, 1(4): 1-24.

HORTON R E, 1939. Analysis of runoff-plot experiments with varying infiltration capacity[J]. Transactions American Geophysical Union, 1939, 20(4):693-694.

KEIZER J J, DOERR S H, MALVAR M C, et al., 2007. Temporal and spatial variations in topsoil water repellency throughout a crop-rotation cycle on sandy soil in north-central Portugal[J]. Hydrological Processes, 21(17): 2317-2324.

KOSTIAKOV A N, 1932. On the dynamics of the coefficient of water-percolation in soils and on the necessity of studying it from a dynamic point of view for purposes of amelioration[C]. Moscow: Transactions of 6th congress of international soil science society.

KRAMERS G, VAN DAM J C, RITSEMA C J, et al., 2005. A new modelling approach to simulate preferential flow and transport in water repellent porous media: Parameter sensitivity, and effects on crop growth and solute leaching[J]. Soil Research, 43(3): 371-382.

LADO M, BEN-HUR M, 2009. Treated domestic sewage irrigation effects on soil hydraulic properties in arid and semiarid zones: A review[J]. Soil and Tillage Research, 106(1): 152-163.

LAMPARTER A, 2010. Applicability of ethanol for measuring intrinsic hydraulic properties of sand with various water repellency levels[J]. Vadose Zone Journal, 9(2): 445-450.

MEIN R G, FARRELL D A, 1974. Determination of wetting front suction in the Green-Ampt equation1[J]. Soil Science Society of America Journal, 38(6): 872-876.

MORALES V L, PARLANGE J Y, STEENHUIS T S, 2010. Are preferential flow paths perpetuated by microbial activity in the soil matrix: A review[J]. Journal of Hydrology, 393(1-2): 29-36.

NEUMAN P S, 1976. Wetting front pressure head in the infiltration model of Green and Ampt[J]. Water Resources Research, 12(3): 564-566.

PHILIP J R, 1957. The theory of infiltration: 1. The infiltration equation and its solution[J]. Soil Science, 83(5): 345-358.

RYE C F, SMETTEM K R J, 2017. The effect of water repellent soil surface layers on preferential flow and bare soil evaporation[J]. Geoderma, 289: 142-149.

SCHWYZER I, KAEGI R, SIGG L, et al., 2013. Colloidal stability of suspended and agglomerate structures of settled carbon nanotubes in different aqueous matrices[J]. Water Research, 47(12): 3910-3920.

TRAVIS M J, WEISBROD N, GROSS A, 2008. Accumulation of oil and grease in soils irrigated with greywater and their potential role in soil water repellency[J]. Science of the Total Environment, 394(1): 68-74.

VAN GENUCHTEN M T, 1980. A closed-form equation for predicting the hydraulic conductivity of unsaturated soils[J]. Soil Science Society of America Journal, 44(44): 892-898.

WANG Z, FEYEN J, ELRICK D E, 1998. Prediction of fingering in porous media[J]. Water Resources Research, 34(9): 2183-2190.

第3章 斥水性土壤中的指流发展

不同土壤情况下斥水性土壤中的指流发展具有差异,类似的研究尚未揭示指流发展的定量特征。本章选取了滴水穿透时间 WDPT 这一斥水性指标作为土壤 SWR 的主要评价依据,通过室内土箱的定水头入渗试验,研究了不同斥水程度均质及非均质土壤中的指流发展过程,分析不同斥水程度和土壤质地对指流产生条件、发展情况的影响。

3.1 材料与方法

3.1.1 供试土样性质及斥水性土样制备

供试埭土和渭河砂土分别采自陕西杨凌农田和渭河滩地,石英砂按其粒径规格分为细净砂(粒径为 1~2mm)和粗净砂(粒径为 2~4mm)。采集来的土样在室内剔除杂质并过 2mm 筛,平摊风干,装袋密封备用。采用激光粒度仪对土壤进行颗粒组成分析,按照国际制标准对其质地进行分类,黏粒、粉粒和砂粒的粒径范围分别是<0.002mm、0.002~0.02mm 和 0.02~2mm。其中,θ_r是风干含水量;θ_s是饱和含水量;K_s是土壤饱和导水率,供试土壤颗粒组成及相关性质参数结果详见表 3-1。

表 3-1 供试土壤颗粒组成及相关性质参数

土壤名称	黏粒质量分数/%	粉粒质量分数/%	砂粒质量分数/%	土壤质地	θ_r/(cm³/cm³)	θ_s/(cm³/cm³)	K_s/(cm/min)
埭土	19	42	39	黏壤土	0.025	0.46	0.0006
渭河砂土	6	23	71	砂壤土	0.003	0.36	0.0540

采用 WDPT 法进行土壤斥水性等级的评价。使用滴管(0.06mL/滴)吸取蒸馏水滴于土表,为减少水滴动能的影响,保持滴管口距离土表高度小于 1cm,每种土样重复 6 次,取水滴完全入渗时间的平均值作为 WDPT,按照测得的 WDPT 可分为亲水(WDPT < 5s)、轻微斥水(5s ≤ WDPT < 60s)、强度斥水(60s ≤ WDPT < 600s)、严重斥水(600s ≤ WDPT < 3600s)和极端斥水(WDPT ≥ 3600s)五个等级(Dekker et al.,1990)。

由于试验中设计了较高的斥水等级，会发生静态接触角大于 90°的现象，此时，高度法和质量法不再适用，为了全面表征 SWR，采用了动态接触角 ω 这一指标，即水滴瞬间滴入土壤表层的土-水接触角的动态变化。根据 Doerr 等(1996)的动态接触角测定方法，采用滴管(0.06mL/滴)吸取蒸馏水滴在平整过的土表，然后使用数码相机对其拍照，测量水滴与土表面的夹角，每种土样重复 6 次，取 6 次测定结果的平均值作为该土样的动态接触角 ω，具体的操作过程如图 3-1 所示 (Doerr et al.，2000)。

图 3-1　动态接触角 ω 的测定

为使土壤的斥水程度区分明显，采用向自然土壤中添加二氯二甲基硅烷 (dichlorodimethylsilane，DCDMS)的方式配置斥水性土壤。将黏壤土每 500g 一份平铺在塑料膜上，用玻璃棒大致划分区域，按 90mL/kg 的用量，使用滴管吸取 DCDMS 均匀滴在每个区域内，再将其掺混均匀、风干。为了使 DCDMS 分布更加均匀，待土壤完全干燥后，按照其饱和含水量进行饱和处理，平摊晾干，期间需要防止土壤结块。不同斥水等级土壤的配制结果如表 3-2 所示，其中 $WDPT_i$ 是初始 WDPT，$WDPT_P$ 是配置的斥水性土壤 WDPT。

表 3-2　不同斥水等级土壤的配制结果

土壤	DCDMS 添加量 /(g/kg)	$WDPT_i$/s	$WDPT_P$/s	斥水等级	斥水程度编号	ω/(°)
	0.0	1.5 ± 0.3	0.7 ± 0.1	亲水	L1	0.0
	16.2	1.5 ± 0.3	40.6 ± 13.4	轻微斥水	L2	100.0 ± 1.2
壤土	24.3	1.5 ± 0.3	83.2 ± 21.1	强度斥水	L3	120.0 ± 2.4
	48.6	1.5 ± 0.3	1854.0 ± 262.0	严重斥水	L4	129.0 ± 8.3
	64.8	1.5 ± 0.3	4308.0 ± 521.0	极端斥水	L5	132.0 ± 8.9

续表

土壤	DCDMS 添加 /(g/kg)	WDPT$_i$/s	WDPT$_P$/s	斥水等级	斥水程度 编号	ω/(°)
	0.0	0.5 ± 0.2	0.2 ± 0.1	亲水	L1	0.0
	24.3	0.5 ± 0.2	27.8 ± 5.8	轻微斥水	L2	99.2 ± 2.6
渭河砂土	32.4	0.5 ± 0.2	312.0 ± 88.3	强度斥水	L3	10.0 ± 3.8
	64.8	0.5 ± 0.2	1009.0 ± 111.0	严重斥水	L4	112.0 ± 12.3
	72.9	0.5 ± 0.2	4008.0 ± 120.0	极端斥水	L5	117.0 ± 8.8

3.1.2　试验系统及处理情况

试验系统的主要部分为透明有机玻璃土槽，为方便拆卸，采用螺钉连接。土槽的尺寸为 50cm × 5cm × 60cm，有机玻璃板厚度为 0.8cm。在前壁面刻画有 5cm × 5cm 的网格，本小节基于土槽的宽和高(X 和 Z)两个方向上构建二维坐标系，槽体的一侧有进水口。供水装置为马氏瓶，使用橡胶管将其与土槽的进水口相连，土壤入渗试验装置系统与指流特征示意图如图 3-2 所示。

均质土壤入渗试验土层整体厚度为 55cm，非均质土壤入渗试验上层土壤是具有不同斥水性的黏壤土和砂壤土，土层厚度为 10cm；下层土壤是亲水性砂土和重砾石，土层厚度为 45cm。入渗水头深度为 2cm，土表上放置一层滤纸以防冲刷，具体分为两组 10 个处理：壤土组(以 L 表示)和渭河砂土组(以 S 表示)；每组均设置五个斥水等级(亲水、轻微斥水、强度斥水、严重斥水和极端斥水，使用 L1、L2、L3、L4 和 L5 来表示)。例如，处理编号"LL1"表示亲水壤土处理。由于斥水性土壤入渗过程中优先流的发生具有随机性，为避免偶然误差，每种处理重复试验 3 次。

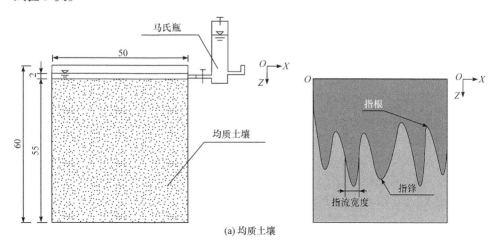

(a) 均质土壤

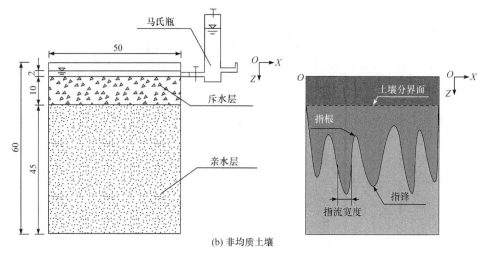

(b) 非均质土壤

图 3-2　土壤入渗试验装置系统与指流特征示意图(单位：cm)

非均质入渗试验的分组及具体处理情况如表 3-3 所示。

表 3-3　非均质入渗试验分组及具体处理情况

组别	上层(0～10cm)					下层(11～55cm)
	L1	L2	L3	L4	L5	L1
A	黏壤土	黏壤土	黏壤土	黏壤土	黏壤土	砂土
B	黏壤土	黏壤土	黏壤土	黏壤土	黏壤土	重砾石
C	砂壤土	砂壤土	砂壤土	砂壤土	砂壤土	砂土
D	砂壤土	砂壤土	砂壤土	砂壤土	砂壤土	重砾石

3.1.3　指流观测及数据处理方法

入渗过程中，湿润锋通过浓度为 0.02g/L 的亮蓝染色剂进行示踪，累积入渗量(cumulative irrigation，CI)通过读取马氏瓶壁上的刻线及记录对应时间测得；等待入渗过程结束后，按照 5cm × 5cm 的网格位置取样，将所取土样放置在 105℃ 的烘箱中烘 10h 以上，从而测得土壤体积含水量θ_v；入渗过程中湿润锋的推进情况使用马克笔直接描画在壁面上，并记录对应时刻，同时为排除边界条件的影响，当湿润锋流到距离槽底 5cm 时停止观测。

针对湿润锋的形态特点，选取 CI 和累积湿润面积(WA)两个指标进行分析。其中累积入渗量的数据可用于计算入渗率，对于入渗率随时间变化的关系采用经验入渗模型，即 Kostiakov(1932)入渗模型进行拟合：

$$i = KT^{-a} \tag{3-1}$$

式中，i 是土壤入渗率，mm/min；T 是时间，min；K、a 是经验系数。

指流长度 F_L 为指根到指尖处的长度，cm，指流宽度 FW_h 为某个指流宽度的二分之一，cm，指锋流速 F_v 为指尖在单位时间内移动的距离，cm/s，指根流速 B_v 为指根在单位时间内移动的距离，cm/s。指流形态指标 SI 和分布指标 DI 计算公式分别为(张建丰，2004)

$$SI = F_L/FW_h \tag{3-2}$$

$$DI = \sqrt{\frac{1}{N}\sum_{i=1}^{N}(F_{L,k} - \overline{F_L})} \tag{3-3}$$

式中，N 为指流总个数；$F_{L,k}$ 为第 k 个指流的长度，$k = 1, 2, \cdots, N$；$\overline{F_L}$ 为 N 条指流的平均指流长度，cm。

指标的变异程度采用变异系数 C_v 进行表征，按照式(3-4)进行计算(Nielsen et al.，1985)：

$$C_v = \frac{\sigma}{\overline{x}} \tag{3-4}$$

式中，σ 和 $\bar{x}$ 分别为指标数据系列的标准差和平均值。变异水平按照 $C_v \leqslant 0.1$、$0.1 < C_v < 1.0$ 和 $C_v \geqslant 1.0$ 分为弱变异、中等程度变异和强变异。

湿润锋的变化图采用 Sigmaplot 12.5 绘制；土壤含水量等值线图采用 Surfer 11.0 绘制；表征指流形态的指标采用 Excel 2007 计算。

3.2 结果与分析

3.2.1 累积入渗量和湿润锋变化

1. 均质土壤入渗

累积入渗量随时间的变化情况如图 3-3 所示。

从图 3-3 中可以看出：①均质条件下的壤土和渭河砂土，达到相同 CI 所需的时间随着斥水程度的增加而变长，这说明斥水性可以有效阻碍水分的入渗，延长水分的入渗时间。②壤土比渭河砂土的入渗过程耗时长，表明水分在黏壤土中的运移速度低于砂壤土，这是由于砂壤土的孔隙度均大于黏壤土。③在均质壤土中，5 个斥水级别下的 CI 曲线随着入渗时间的增加，其入渗均表现为逐渐下降的趋势。④在均质的渭河砂土中，五种斥水程度下的 CI 曲线陡峭程度高于均质壤土，且在除去亲水外的 4 个斥水等级中，CI 曲线均出现了入渗率随时间逐渐增加的趋势，这一趋势与壤土的 CI 曲线随时间变化趋势相反。由于试验装置的限制，入渗过程的整体观测时间较短,水分在土壤中并没有达到稳渗的状态,这也导致 CI 曲线随时间变化呈现上升趋势。

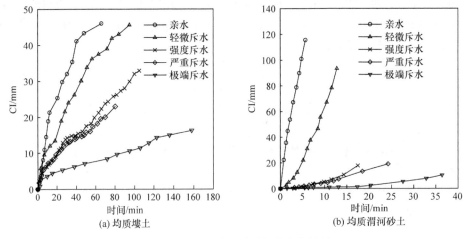

图 3-3　累积入渗量随时间的变化情况

使用 Kostiakov 入渗模型对上述 10 个处理的入渗率随时间变化情况进行函数拟合,结果如表 3-4 所示。从表 3-4 中可以看出:①壤土 5 个斥水等级的土壤入渗率随时间均呈逐渐减少的趋势,而且相关系数和显著性较高,这表明 Kostiakov 入渗模型对斥水性土壤中的 i 变化有着较好的适用性。此外,说明斥水性导致壤土中出现了不均匀流的现象,延长了入渗时间,并且在一定程度上阻碍了入渗,随着斥水性的提高入渗更困难。②渭河砂土中 5 个斥水等级的土壤入渗率除了亲水的处理之外,其余 4 个斥水程度下的土壤 i 随着时间都表现为逐渐增大的关系,而亲水则是下降的。这表明土壤中产生指流可以促进水分的快速运移,提高入渗速度,同时较高的相关系数和显著性也表明 Kostiakov 入渗模型对斥水性砂壤土入渗率的变化有较好适用性。其中,拟合函数中的 T 仅限在该试验的时间段内变化。

表 3-4　10 个处理均质土壤的累积入渗量和入渗率函数拟合结果

处理	累积入渗量	入渗率函数	R^2	T/min
LL1	$CI = 4.03T^{0.6}$	$i = 2.42T^{-0.4}$	0.97	0~65
LL2	$CI = 2.56T^{0.64}$	$i = 1.64T^{-0.36}$	0.99	0~95
LL3	$CI = 1.19T^{0.70}$	$i = 0.83T^{-0.3}$	0.99	0~103
LL4	$CI = 1.71T^{0.58}$	$i = 0.99T^{-0.42}$	0.99	0~80
LL5	$CI = 0.65T^{0.63}$	$i = 0.41T^{-0.37}$	0.98	0~160
SL1	$CI = 28.40T^{0.81}$	$i = 22.8T^{-0.2}$	0.99	0~5

处理	累积入渗量	入渗率函数	R^2	T/min
SL2	$CI = 1.67T^{1.58}$	$i = 2.64T^{0.58}$	0.99	0~12
SL3	$CI = 0.06T^{1.99}$	$i = 0.12T^{0.99}$	0.99	0~18
SL4	$CI = 0.18T^{1.44}$	$i = 0.27T^{0.44}$	0.99	0~24
SL5	$CI = 0.003T^{2.28}$	$i = 0.006T^{1.28}$	0.99	0~37

注：10 种处理的显著水平 P 均小于 0.0001。

湿润锋随时间变化情况如图 3-4 所示。

从图 3-4 中可以看出：①在 5 种不同斥水程度的堘土中，随着斥水程度变强，湿润锋从几乎平行的均匀状态，逐渐发展成不均匀状态，表明斥水性可以引发不稳定流。②在 5 种不同斥水程度的渭河砂土中，亲水性渭河砂土的湿润锋表现为大致均匀的运动，轻微斥水导致土体中发生不稳定流，表现为土体中的片状湿润现象，并没有明显的指流现象发生。随着斥水性的进一步增加，指流表现逐步明显，表明强斥水性对渭河砂土中指流的产生起到促进作用。③不同质地的土壤在相同的斥水程度下，渭河砂土比堘土更易表现出湿润锋的不稳定性，表明土壤质地与斥水性可以综合影响不稳定流和指流的产生，粗质地的土壤中更易产生不稳定流和指流。④强斥水性在一定程度上可以减缓入渗，并且使湿润锋的出现存在一定的时间差异。

基于上述 10 个处理 CI 随时间的变化情况及湿润锋的具体变化，对 CI 和 WA 进行线性关系拟合，累积湿润面积(WA)随累积入渗量(CI)的关系如表 3-5 所示。

表 3-5　累积湿润面积与累积入渗量的关系

处理	拟合公式	R^2	P
LL1	$WA = 85.5 + 21.1CI$	0.99	$1.0 \times 10^{-4**}$
LL2	$WA = -16.5 + 7.8CI$	0.97	$1.0 \times 10^{-4**}$
LL3	$WA = 76.7 + 33.4CI$	0.96	$2.0 \times 10^{-4**}$
LL4	$WA = -15.1 + 23.9CI$	0.99	$2.0 \times 10^{-3**}$
LL5	$WA = 72.7 + 93.3CI$	0.91	$1.0 \times 10^{-4**}$
SL1	$WA = 49.2 + 17.1CI$	0.98	$1.0 \times 10^{-4**}$
SL2	$WA = 1.2 + 0.9CI$	0.99	$9.0 \times 10^{-4**}$
SL3	$WA = 160.0CI^{33} - 140$	0.98	$1.0 \times 10^{-4**}$
SL4	$WA = 1.4 \times 10^5 CI^{0.0002} - 1.4 \times 10^5$	0.88	$1.0 \times 10^{-2**}$
SL5	$WA = 2.1 \times 10^5 CI^{0.0003} - 2.1 \times 10^5$	0.94	$1.4 \times 10^{-2**}$

注：**表示在 $P<0.01$ 的水平下显著。

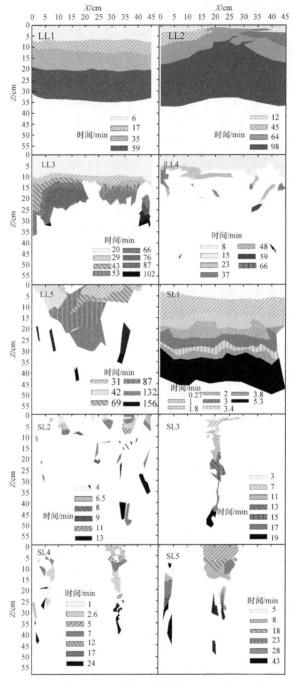

图 3-4　湿润锋随时间变化情况

X-水平距离；Z-垂直深度

表 3-5 表明：①对于壤土，即使是在斥水程度较高的处理中，WA 与 CI 也表现出了较好的线性正相关关系，相关系数 R^2 均大于 0.9 且显著水平 P 均小于 0.01，这表明非均匀流的产生对 WA 与 CI 的影响不大。②对渭河砂土，SL1 和 SL2 两个处理中，WA 与 CI 表现出较强的正相关线性关系，但随着斥水性进一步提高，二者间的相关性不再适宜用线性关系表达。这表明强斥水性及其引发的指流现象导致 WA 与 CI 的关系从线性相关变为非线性的幂函数关系。在 SL3、SL4 和 SL5 中，WA 先随着 CI 呈现快速上升的趋势，但是随着 CI 的进一步提高，WA 的增速开始降低。这一趋势表明，在入渗初期，水分会将土壤的表面及浅层润湿，因为存在斥水性，深层的土壤很难被大面积润湿，而且因为指流的出现使湿润锋形态发生改变，由亲水条件下逐层均匀地推进变为部分指状湿润区，说明指流可以在较小的湿润面积中通过较大的水流量。

为了进一步分析指流的发展特点，针对图 3-4 中 SL3、SL4 和 SL5 中出现的指流进行指流长度(F_L)、指流宽度(FW$_h$)、指锋流速(F_v)和指流形态指标(SI)的定量分析。其中，均质斥水性土壤中的指流长度和宽度统计结果如表 3-6 所示。

表 3-6　均质斥水性土壤中的指流长度和宽度统计

处理	F_L/cm			FW$_h$/cm		
	最小值	平均值	最大值	最小值	平均值	最大值
SL3	—	52#	—	2.0	3.1	4.5
SL4	—	39#	—	2.1	4.2	7.0
SL5	5.3	8.5	16.7	2.0	7.0	12.2

注：#表示仅出现一个指流，表 3-7 同。

从表 3-6 中可以看出：①随着斥水性的增强，SL3~SL5 中的 F_L 逐渐变小，说明斥水性对 F_L 的发展起到一定的抑制作用，结合表 3-5，表明指流湿润锋的形状并不是完全连为一体，而是断断续续的，在 SL4~SL5 中都表现出了不连续的现象。②斥水性的增加可以在一定程度上导致 FW$_h$ 变大，这可能是在强斥水的条件下，土壤沿重力方向的入渗受到较强的阻碍作用，水分滞留时间延长，导致水分发生横向扩散的现象。此外，FW$_h$ 在指流的发育过程中变化幅度较大。

由于 SL3~SL5 中指根基本没有发生相对位置的变化，在指流的发展过程中相对表现稳定，故不专门分析 B_v，因为 F_v 在湿润锋的运动过程中表现较为活跃，而且能够反映指流运动的特点，所以把 F_v 作为重点研究对象。斥水均质土壤中的指锋流速(F_v)和指流形态指标(SI)统计见表 3-7。

表 3-7　斥水均质土壤中的指锋流速和指流形态指标统计

处理	F_v/(cm/min)			SI		
	最小值	平均值	最大值	最小值	平均值	最大值
SL3	1.24	3.47	4.38	—	13.00#	—
SL4	2.62	3.57	5.45	—	9.75#	—
SL5	0.17	0.14	1.67	2.59	5.01	7.42

从表 3-7 中能看出：①F_v值随着斥水性的增强先略有增加，然后开始变缓，表明斥水性在一定范围内可以促进指流的快速运移，但过强的斥水性可以阻碍水分运移，而且指流并不是以某一恒定速度运动，其发展过程一般表现为变速运动。②SI 的结果表明随着斥水性的增强，指流的形态在均质渭河砂土中由细长变得短粗。

结合图 3-4 可以看出，SL3~SL5 中指流条数的范围为 1~2，并没有出现特别多的指流情况，单独处理间的指流没有可比性，因此对于表征指流均匀度的指标 DI 来讲，分析的意义不大，故不计算指标 DI。

对均质强度斥水(SL3)、严重斥水(SL4)和极端斥水(SL5)等三个处理中出现的指流 WA 与 F_L 之间的相关性进行分析，三个处理渭河砂土 F_L 与 WA 的相关关系如图 3-5 所示。

从图 3-5 中可以看出：SL3、SL4 和 SL5 这三个处理中，F_L 与 WA 之间均呈现出良好的幂函数关系，相关系数 R^2 均大于等于 0.94，且其显著性均小于 0.01 的水平，表明较大的 WA 可以引发更长的指流，但随着 WA 的进一步增大，指流长度却不再有明显的增加。

2. 非均质土壤入渗

不同斥水程度层状土壤中，共 20 种处理入渗过程中的累积入渗量随时间变化情况如图 3-6 所示。

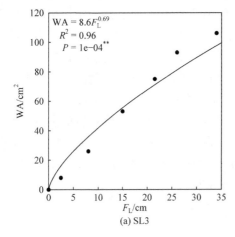

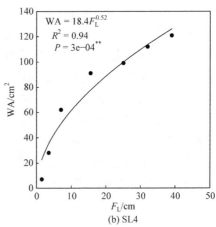

(a) SL3　　　　　　　　(b) SL4

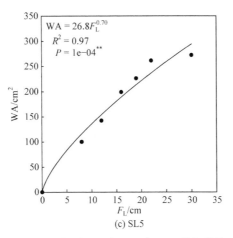

(c) SL5

图 3-5　三个处理渭河砂土 F_L 与 WA 的相关关系

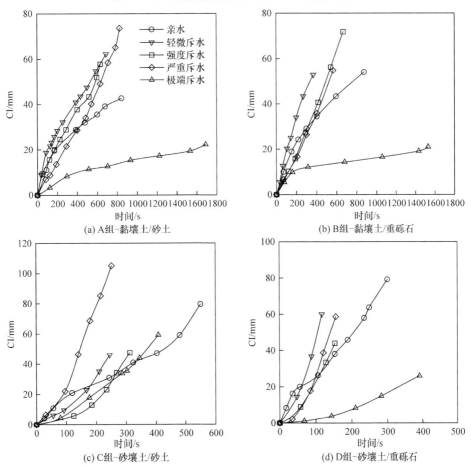

(a) A组-黏壤土/砂土

(b) B组-黏壤土/重砾石

(c) C组-砂壤土/砂土

(d) D组-砂壤土/重砾石

图 3-6　累积入渗量随时间变化情况

　　从图 3-6 可知：①A、B、C 和 D 四组层状土壤组合中(表 3-3)，上层土壤为亲水处理的情况下，CI 曲线并非全部高于上层为斥水性土壤的处理。四组中，上层土壤为斥水的处理情况下，CI 曲线基本上随着斥水程度的提高而下降，斥水程度越高，达到相同的累积入渗量需要更长的时间，这表明上层土壤斥水程度的提高会更强烈地阻碍入渗。Wang 等(2000)通过土箱入渗试验发现斥水性土壤的入渗率会逐渐提升，本试验中入渗过程的后半段，即 CI 曲线的尾部出现抬升趋势，尤其是在上层土壤为砂壤土的情况更为明显，这与 Wang 等(2000)的结果是一致的。这一现象可能是相对较快的入渗过程和指流的迅速发展导致的。②在相同的入渗时间下，A 组和 B 组中的 CI 基本上低于 C 组和 D 组，这说明即使上层土壤的斥水程度相同，不同的土壤质地也会影响入渗过程，上层土壤质地对于入渗过程的控制要大于下层土壤。C 组和 A 组中，砂壤土比黏壤土有着更大的饱和导水率(砂壤土饱和导水率是 0.054cm/min，黏壤土饱和导水率是 0.0006cm/min)，这就意味着在相同的时间段内，上层为砂壤土的累积入渗量会高于黏壤土。③A 组和 B 组中，当上层土壤斥水等级相同时，处理为黏壤土/重砾石的 CI 基本高于黏壤土/砂土。在 C 组和 D 组中，砂壤土/重砾石的 CI 并不总是高于砂壤土/砂土，这可能是不稳定流导致的。④C 组和 D 组的 CI 曲线在入渗过程后期其尾部的"翘尾"现象比 A 组和 B 组明显。这一现象在均质或者层状的斥水性土壤都很普遍，表明随着入渗过程的推进，SWR 逐渐减弱，与最初的入渗时段相比，入渗率明显增加(Wang et al.，2000)。也可能是试验装置的限制，水分在土壤中不是稳定入渗的状态，导致了"翘尾"现象。即使在理论上和实践中都证明了亲水性土壤的入渗过程要快于斥水性土壤(DeBano，1981)，这种现象的发生也是合理的，因为水分运移的不规律和指流的发生都可能使水分沿着某些未知的路径快速运移。

　　根据图 3-6 所示的结果，对上述 20 种不同处理情况下的 CI 随时间变化的情况进行相关的函数拟合，结合张建丰(2004)对于亲水层状土壤中水分入渗规律的研究，认为 Kostiakov 入渗模型对层状土壤的入渗适用性较好，且层状土壤的入渗往往分为"线性段"和"非线性段"两个阶段。

　　对图 3-6 中 CI 曲线中的"非线性段"，按照 Kostiakov 入渗模型进行相关函数的拟合，同时对拟合得到的函数求导得到入渗率 i 与时间 T 的关系，对"线性段"按照一元一次线性函数进行拟合，其结果见表 3-8。

表 3-8　20 种层状斥水处理入渗率随时间变化的 Kostiakov 入渗模型拟合结果

处理编号	非线性段		线性段		转折时刻
	累积入渗量	入渗率	累积入渗量	入渗率	
GAL1	$CI = 0.547T^{0.70}$　$R^2 = 0.99^{**}$	$i = 0.34T^{-0.3}$	$CI = 0.04T + 18.2$　$R^2 = 0.99^{**}$	$i = 0.04$	第 180 秒
GAL2	$CI = 0.96T^{0.64}$　$R^2 = 0.99^{**}$	$i = 0.61T^{-0.36}$	$CI = 0.07T + 14.4$　$R^2 = 0.99^{**}$	$i = 0.07$	第 210 秒
GAL3	$CI = 0.53T^{0.71}$　$R^2 = 0.99^{**}$	$i = 0.38T^{-0.29}$	$CI = 0.12T - 21.4$　$R^2 = 0.99^{**}$	$i = 0.12$	第 510 秒

续表

处理编号	非线性段		线性段		转折时刻
	累积入渗量	入渗率	累积入渗量	入渗率	
GAL4	$CI = 2.89T^{1.22}$　$R^2 = 0.99^{**}$	$i = 3.53T^{0.22}$	—	—	—
GAL5	$CI = 2.99T^{0.59}$　$R^2 = 0.99^{**}$	$i = 1.76T^{-0.41}$	—	—	—
GBL1	$CI = 0.89T^{0.59}$　$R^2 = 0.99^{**}$	$i = 0.53T^{-0.41}$	$CI = 0.03T + 18.1$　$R^2 = 0.98^{**}$	$i = 0.03$	第 300 秒
GBL2	$CI = 0.26T^{0.92}$　$R^2 = 0.99^{**}$	$i = 0.24T^{-0.08}$	$CI = 0.11T + 12.8$　$R^2 = 0.99^{**}$	$i = 0.11$	第 130 秒
GBL3	$CI = 4.32T^{1.16}$　$R^2 = 0.99^{**}$	$i = 5.01T^{0.16}$	—	—	—
GBL4	$CI = 4.14T^{1.14}$　$R^2 = 0.99^{**}$	$i = 4.72T^{0.14}$	—	—	—
GBL5	$CI = 6.11T^{0.37}$　$R^2 = 0.98^{**}$	$i = 2.26T^{-0.63}$	—	—	—
GCL1	$CI = 0.50T^{0.76}$　$R^2 = 0.99^{**}$	$i = 0.38T^{-0.24}$	$CI = 0.22T - 42.7$　$R^2 = 0.97^{**}$	$i = 0.22$	第 120 秒
GCL2	$CI = 12.4T^{0.81}$　$R^2 = 0.99^{**}$	$i = 10.0T^{-0.19}$	—	—	—
GCL3	$CI = 60.2T^{1.01}$　$R^2 = 0.99^{**}$	$i = 60.8T^{0.01}$	—	—	—
GCL4	$CI = 13.2T^{1.45}$　$R^2 = 0.99^{**}$	$i = 19.1T^{0.45}$	—	—	—
GCL5	$CI = 3.03T^{1.54}$　$R^2 = 0.99^{**}$	$i = 4.67T^{0.54}$	—	—	—
GDL1	$CI = 2.10T^{0.55}$　$R^2 = 0.99^{**}$	$i = 1.16T^{-0.45}$	$CI = 0.28T - 6.42$　$R^2 = 0.99^{**}$	$i = 0.28$	第 85 秒
GDL2	$CI = 19.9T^{1.65}$　$R^2 = 0.99^{**}$	$i = 32.8T^{0.65}$	—	—	—
GDL3	$CI = 9.60T^{1.63}$　$R^2 = 0.99^{**}$	$i = 15.7T^{0.63}$	—	—	—
GDL4	$CI = 9.64T^{1.90}$　$R^2 = 0.99^{**}$	$i = 18.3T^{0.90}$	—	—	—
GDL5	$CI = 0.85T^{1.83}$　$R^2 = 0.99^{**}$	$i = 1.56T^{0.83}$	—	—	—

注：处理编号中 G 表示重砾石，A~D 表示组别(表 3-3)，L1~L5 表示斥水等级。

从表 3-8 中可以看出：①按照"线性段"和"非线性段"的方法对 CI 随时间变化趋势进行函数拟合，相关系数 R^2 和显著性在四个组中均处于一个相对较高的范围，这表明 Kostiakov 入渗模型对于层状土壤中的入渗规律也有良好的适用性。②A 组中，在 L1~L3 这三个斥水等级的处理中，i 在非线性段均表现为随时间逐渐减弱的趋势，在 L4~L5 中，CI 随时间的变化趋势完全表现为非线性的关系，线性与非线性间的转折并不是很明显，i 在 L4 中是随时间逐渐增加的，但是在极端斥水等级 L5 中却随时间减小。这可能是由于 L5 中 10cm 极端斥水的土层对入渗阻碍作用明显。③B 组中的 i 随时间的变化与 A 组基本类似，GBL3 中 i 就已经表现为随时间增加的趋势，并且 GBL5 与 GAL5 中 i 出现了相同的下降的趋势，推测出现这种现象的原因与 A 组相同。④在 C 和 D 组中，除了 GCL1、GCL2 和 GDL1 外，其余处理的 i 随时间表现为增大趋势，说明当上层为砂壤土的情况下，水分入渗速度要比上层为黏壤土时大。

均质亲水性砂土和重砾石入渗试验的湿润锋发展情况如图 3-7 所示。

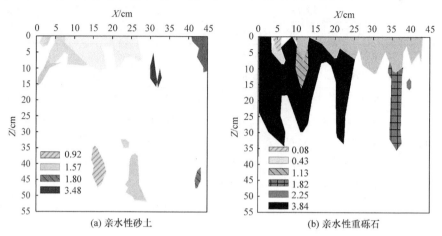

(a) 亲水性砂土　　　　　　　　　　(b) 亲水性重砾石

图 3-7　均质亲水性砂土和重砾石入渗试验的湿润锋发展情况

X-水平距离；Z-垂直深度

从图 3-7 中可以看出：①水分在均质的亲水性砂土和重砾石中，均表现为沿介质孔隙快速运移，从观测时间上可以看出，这两种土壤介质下水入渗迅速且耗时短。②在砂土中，湿润锋呈现出非均匀流现象，土体中出现片状的不规则湿润区域，局部出现不完全的指流现象；在重砾石中，湿润锋则表现出明显的指流运移现象，沿着土壤的孔隙通道快速向下运动，以指状湿润锋的形态迅速在土体中推进。这一结果表明，在亲水情况下，土壤质地越粗糙越有利于明显的指流现象发生。

层状不同斥水程度下 20 种处理中湿润锋发展情况如图 3-8 所示，图中的深颜色表示更大的时刻下的土壤被润湿的区域。

从图 3-8 中可以看出：①在 4 种上、下层均为亲水的处理中，湿润锋在上层 10cm 深的土壤中基本上呈现规律且均匀的状态。在斥水的处理中，湿润锋的运动变得不规律。甚至在某些处理中，指流会在上层土壤中发生。②A 组中，亲水处理 GAL1 的不稳定流较其他 4 个斥水处理十分微弱，并且发展速度滞后。在其余 4 个斥水处理中，FW_h 随着斥水程度的提高而减小，但是指流的形成时间却并不遵循斥水等级的变化规律。③虽然 B 组中的 5 个处理都出现了指流，但是指流形态明显不同，且随着斥水等级的提高，指流变得越来越窄。GBL5 中，6 条指流中有 2 条在 25～45cm 的深度范围内发生闭合，交汇成一片湿润区。GBL2 仅有一条宽指流，这与其余 19 个处理的指流情况都不同。④C 组中 5 个处理的指流表现得不均匀且无规律。⑤D 组中，亲水处理 GDL1 的指流比较均匀，但斥水处理组中指流的分布表现不均匀。⑥A 组和 C 组(下层土壤是砂土)中指流的形态要比 B 组

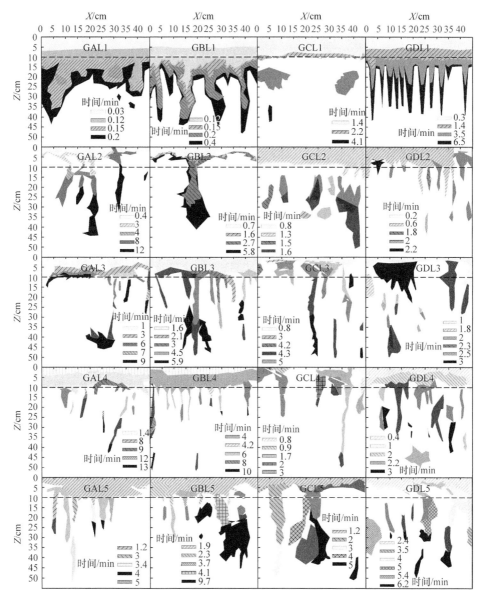

图 3-8　层状不同斥水程度下 20 种处理中湿润锋发展情况

X-水平距离；Z-垂直深度

和 D 组(下层土壤是重砾石)的组间差异更大。对于亲水处理来说，下层土壤重砾
石比砂土产生的指流更为清晰明显。此外，与稳定流不同的是，指流的产生存在
一定时间差。⑦不同的斥水等级倾向于增加指流形状的不规律性，但二者之间并
不存在特别明显的相关性，即使如此，亲水处理与斥水处理间指流形态的差异还

是较为明显的。这表明指流形态的不规律性受到不同的土壤质地和斥水程度的综合影响。

斥水层状土壤处理的指流数、指流长度和宽度的最小值、平均值和最大值见表 3-9。

表 3-9　斥水层状土壤中的指流长度和宽度

处理	指流数	F_L/cm			FW_h/cm		
		最小值	平均值	最大值	最小值	平均值	最大值
GAL1	3	4.2	10.8	14.9	7.8	7.3	10.1
GAL2	4	7.0	18.5	34.8	3.0	3.2	3.5
GAL3	4	9.1	15.9	30.5	0.9	1.4	2.2
GAL4	5	4.7	14.5	25.3	1.1	1.5	2.0
GAL5	6	2.5	13.4	19.5	1.8	2.0	2.2
GBL1	5	9.9	16.3	22.9	3.9	4.0	4.6
GBL2	1	17.2	24.5	33.8	2.3	3.9	6.3
GBL3	5	5.5	19.6	37.2	1.3	1.7	2.3
GBL4	6	2.9	9.4	15.6	0.6	1.0	1.6
GBL5	3	4	9.3	19.9	1.3	1.6	2.2
GCL2	3	7.2	11.1	16.1	1.9	3.2	4.1
GCL3	4	3.4	11.4	18.6	2.1	2.3	2.5
GCL4	4	2.0	15.7	42.2	1.5	2.8	4.3
GCL5	3	2.7	22.1	42.8	5.3	4.1	3.5
GDL1	10	5.0	12.0	22.2	1.7	1.8	2.0
GDL2	5	1.8	8.8	22.2	1.0	2.0	2.8
GDL3	3	9.7	9.8	16.5	1.2	1.5	1.7
GDL4	4	1.3	12.4	24.2	3.0	2.6	2.3
GDL5	4	8.7	17.7	31.1	2.0	3.0	5.7

注：GCL1 未发生指流。

表 3-9 表明：①A 组中，指流数随着上层土壤斥水性的增强有轻微提升。五种斥水等级处理间，F_L 和 FW_h 的最小值、平均值和最大值间差距较大。F_L 和 FW_h 的平均值分别在 10.8~18.5cm、1.4~7.3cm，这两个指标没有随着斥水性的增加呈现一定规律性的变化。A 组中，指流数、F_L 和 FW_h 平均值的 C_v 分别是 0.26、0.20 和 0.80，B 组对应的 C_v 分别是 0.50、0.42 和 0.57，均属于中等程度的变异。②C 组和 D 组中，4 个斥水处理间的指流数变化较小，并且远远小于 GDL1(10 条)。FW_h 的平均值却没有表现出明显规律。C 组中，指流数、F_L 和 FW_h 平均值的 C_v 分别是 0.17、0.34 和 0.25，D 组对应的 C_v 分别是 0.53、0.29 和 0.28，均属

于中等程度的变异。斥水层状土壤中的指流形态指数(SI)、分布指数(DI)及其 C_v 如表 3-10 所示。SI 越大，表示指流越细长，反之则短粗，DI 越小，说明指流的分布越均匀。斥水等级为强度斥水的处理在 A、B、D 组中的 SI 更大，但是对于 DI 来说，不同处理之间无明显规律。每组的 SI 和 DI 的 C_v 均大于 0.1 且小于 1，属于中度程度的变异。总体来说，SI 和 DI 并非随着 SWR 等级的增加体现出一致的变化，说明在斥水的层状土壤中，水分运移比在亲水性土壤中更为复杂。

表 3-10　斥水层状土壤中的指流形态指数、分布指数及其 C_v

参数	组别	L1	L2	L3	L4	L5	C_v
SI	A	1.42	5.52	13.98	8.28	5.74	0.66
	B	4.62	6.79	11.18	7.30	5.30	0.36
	C	—	3.72	4.41	5.74	4.15	0.19
	D	6.73	4.04	5.90	4.39	5.66	0.21
DI	A	6.01	6.26	11.05	6.8	3.29	0.42
	B	6.97	6.56	8.82	6.24	4.74	0.22
	C	—	2.24	9.84	7.31	16.85	0.67
	D	2.98	5.99	3.74	7.57	3.90	0.39

Carrillo 等(2000)发现指流的长度随着 WDPT 的增加而增大。在本小节中，C 组和 D 组中的 F_L 也随着上层土壤斥水性的增加而增大，这与上述 Carrillo 等(2000) 的研究结果相符合，但 F_L 在 A 组和 B 组中的这一变化规律却不明显。似乎斥水性黏壤土中的水分运移要比斥水性砂壤土更加不规律。Rye 等(2017)在斥水性土壤的田中使用土箱进行观测试验，发现更高级别的斥水性对于土层更深层的指流路径并没有明显的促进作用。在本小节中，SI 的最大值也没有出现在极端斥水等级的处理中，这意味着强斥水性并没有在更窄、更长的指流形成过程中起到明显的促进作用。这与 Rye 等(2017)的研究一致。

不同处理中的指锋流速(F_v)和指根流速(B_v)统计结果如表 3-11 所示。其中，F_v 值变化范围在 0.02~2.73cm/s，变化范围较大，表明在不同的斥水程度和土壤质地中，指流的发展差异明显，但是没有随着斥水等级的提高而表现出一定的规律。A、B、C 和 D 四个组中，F_v 的 C_v 值分别是 0.45、0.98、0.20 和 0.68，均属于中等程度的变异。B_v 值基本较小，变化范围在 0~0.22cm/s。A 组和 C 组中，B_v 的 C_v 值分别是 1.49 和 1.08，属于强变异。B 组和 D 组中，B_v 的 C_v 值都是 0.75，属于中等程度变异。总体来说，随着指流的发展，指根基本停止在两种土层的交界面处。在大部分的处理中，指流倾向于垂直向的发育，并且比在水平方向上的运移速度快得多。

表 3-11　不同处理中的指锋流速和指根流速统计结果

处理	F_v/(cm/s)			B_v/(cm/s)		
	最小值	平均值	最大值	最小值	平均值	最大值
GAL1	0.02	0.11	0.20	0.02	0.03	0.04
GAL2	0.05	0.15	0.10	0.05	0.08	0.10
GAL3	0.08	0.18	0.34	0.00	0.01	0.01
GAL4	0.04	0.06	0.20	0.00	0.00	0.00
GAL5	0.05	0.07	0.17	0.00	0.00	0.00
GBL1	0.10	0.11	0.11	0.01	0.02	0.02
GBL2	0.02	0.02	0.02	0.00	0.00	0.00
GBL3	0.03	0.09	0.26	0.00	0.01	0.01
GBL4	0.06	0.56	2.73	0.01	0.02	0.03
GBL5	0.25	0.46	0.61	0.01	0.02	0.02
GCL2	0.32	0.40	0.53	0.00	0.005	0.01
GCL3	0.22	0.26	0.29	0.01	0.04	0.07
GCL4	0.09	0.42	0.79	0.03	0.13	0.22
GCL5	0.07	0.35	0.62	0.03	0.03	0.03
GDL1	0.08	0.11	0.13	0.01	0.02	0.03
GDL2	0.06	0.24	0.67	0.01	0.05	0.16
GDL3	0.10	0.43	0.76	0.00	0.03	0.03
GDL4	0.30	0.62	0.93	0.00	0.08	0.18
GDL5	0.06	0.16	0.26	0.01	0.02	0.02

注：GCL1 中没有发生指流。

Carrillo 等(2000)发现指流的不稳定性与流速和深度有关系，如果流速随着深度的增加变大，那么指流可以一直保持，如果流速随土层深度增加减少，指流就会消失，而且在强度斥水的处理中(WDPT 约为 10min)，斥水层下面的侧向流会削弱指流的效应。本小节中，当指锋达到土层某一位置时，指流的垂直向运动消失，水平向的运动开始变得明显，在处理 GBL5 和 GCL5 中表现较明显。这与 Carrillo 等(2000)发现的侧向流对指流的削弱作用相符，但是本小节的这一结果是发生在极端斥水等级下的(WDPT 约为 60min)。此外，本小节研究了斥水等级对指流的影响，斥水性土壤中指流发展的不确定性也增加了指流发展过程的复杂性。

入渗时间变长，CI 与 WA 也随之变大，其中，CI 与 WA 的线性相关关系见表 3-12。在全部的 20 种处理中，二者均呈现明显的线性关系，并且有着强显著性(R^2 最小是 0.80)，20 种处理中有 14 种处理的 R^2 在 0.9 以上。这表明，累积入渗量变大会引发 WA 增加，指流的产生并没有影响这一点。这一相关性并没有遵循斥水性等级的变化规律，无论是黏壤土还是砂壤土。

表 3-12　CI 与 WA 的线性相关关系

处理	拟合公式	R^2	P
GAL1	WA = 31.8CI − 63.9	0.97	0.002**
GAL2	WA = 6.60CI + 28.2	0.97	0.0004**
GAL3	WA = 9.94CI + 49.8	0.92	0.003**
GAL4	WA = 8.26CI + 77.5	0.91	0.003**
GAL5	WA = 75.6CI + 52.5	0.96	0.001**
GBL1	WA = 35.1CI − 56.2	0.98	0.0001**
GBL2	WA = 17.1CI + 24.2	0.95	0.005**
GBL3	WA = 15.4CI + 150.0	0.87	0.007**
GBL4	WA = 10.9CI + 148.0	0.80	0.016*
GBL5	WA = 46.4CI − 6.42	0.92	0.002**
GCL1	WA = 27.1CI + 124.0	0.85	0.009**
GCL2	WA = 19.3CI + 193.0	0.81	0.04*
GCL3	WA = 23.0CI − 20.6	0.99	0.0001**
GCL4	WA = 5.38CI + 62.6	0.91	0.01*
GCL5	WA = 15.7CI + 33.8	0.93	0.002**
GDL1	WA = 35.3CI − 18.5	0.99	0.0002**
GDL2	WA = 9.84CI − 47.3	0.94	0.001**
GDL3	WA = 3.67CI + 33.2	0.87	0.006**
GDL4	WA = 10.4CI + 68.4	0.95	0.0002**
GDL5	WA = 21.9CI + 154.0	0.85	0.009**

注：*表示在 $P < 0.05$ 的水平下显著，**表示在 $P < 0.01$ 的水平下显著。

与变化程度较小的指流湿润锋指标 FW_h 相比，F_L 在描述指流特征方面更具有代表性，因此认为研究其与 WA 的关系更有意义。表 3-13 展示了 WA 与 F_L 的线性相关关系，二者呈现较强的线性关系，表明较大的累积入渗量可以引发更长的指流。

表 3-13　WA 与 F_L 的线性相关关系

处理	拟合公式	R^2	P
GAL1	WA = 27.3F_L − 17.1	0.92	0.003**
GAL2	WA = 6.17F_L − 3.11	0.93	0.002**
GAL3	WA = 33.7F_L − 96.1	0.99	0.0001**
GAL4	WA = 40.3F_L − 127	0.98	0.0008**
GAL5	WA = 34.2F_L + 78.1	0.90	0.005**

处理	拟合公式	R^2	P
GBL1	$WA = 44.2F_L - 44.4$	0.96	0.0007**
GBL2	$WA = 11.9F_L - 151.0$	0.83	0.004**
GBL3	$WA = 28.8F_L - 2.1$	0.90	0.004**
GBL4	$WA = 89.5F_L - 57.4$	0.69	0.04*
GBL5	$WA = 59.2F_L + 65.5$	0.88	0.007**
GCL1	—	—	—
GCL2	$WA = 52.8F_L - 293.0$	0.90	0.004**
GCL3	$WA = 15.4F_L - 38.8$	0.97	0.0004**
GCL4	$WA = 54.4F_L - 1.3$	0.90	0.01*
GCL5	$WA = 16.5F_L - 66.0$	0.98	0.0001**
GDL1	$WA = 27.7F_L - 64.3$	0.93	0.0004**
GDL2	$WA = 61.9F_L - 126.0$	0.87	0.006**
GDL3	$WA = 21.7F_L - 50.2$	0.87	0.006**
GDL4	$WA = 26.2F_L - 49.0$	0.97	0.005**
GDL5	$WA = 41.0F_L - 178.0$	0.97	0.0004**

3.2.2　含水量分布

1. 均质土壤入渗

在入渗试验结束的时刻，均质不同斥水程度土壤 10 个处理的含水量(θ_v)等值线见图 3-9。

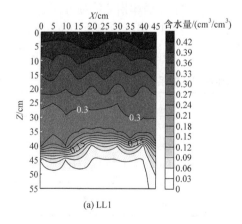

(a) LL1

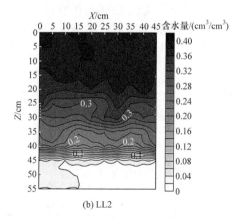

(b) LL2

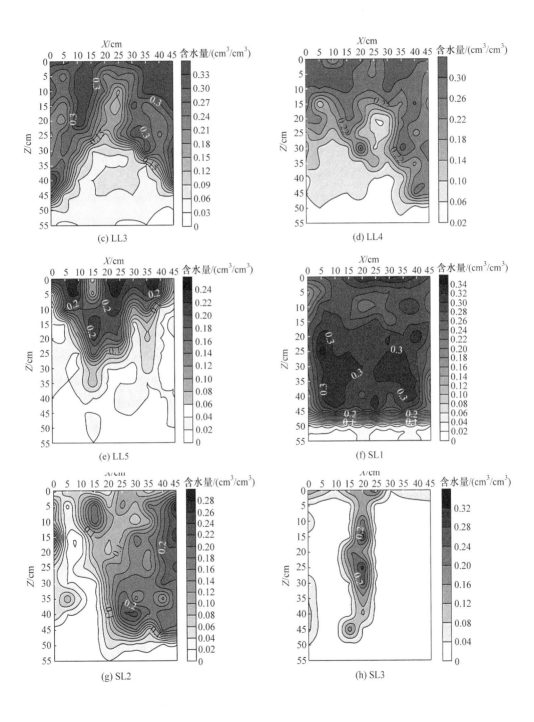

(c) LL3

(d) LL4

(e) LL5

(f) SL1

(g) SL2

(h) SL3

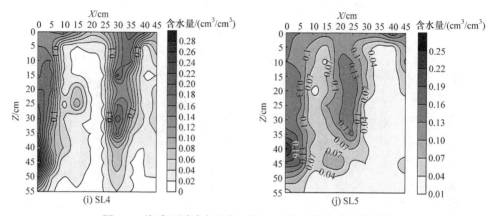

图 3-9　均质不同斥水程度土壤 10 个处理的含水量等值线

从图 3-9 中可以看出：①在均质的 10 种处理中，随着斥水性的增强，无论是壤土还是渭河砂土，其 θ_v 的最大值均逐渐减小，其中，渭河砂土 θ_v 的最大值大多略小于壤土，说明黏粒含量高的土壤持水性优于砂壤土。②斥水性可引起土壤水分分布不均匀。LL1 中，随着土壤深度的增加 θ_v 逐层递减，在 LL2～LL5 中，θ_v 的变化开始出现不均匀，伴随土体中非均匀流的发生表现为 θ_v 的局部增大。在 SL1～SL5 中，θ_v 局部增大的现象更加明显。在出现指流的 SL3～SL5 中，θ_v 等值线的分布形状基本呈椭圆形，含水量大致从指流内部到指流边缘逐渐降低，略靠近指尖位置的含水量最高。③砂壤土比黏壤土更易发生 θ_v 分布不均匀的现象。SL1 的 θ_v 分布比 LL1 中更不均匀，图 3-9 中的 SL1 湿润锋变化情况也比 LL1 更不均匀，说明在亲水的情况下，砂壤土的水分流动性更大，也更容易导致 θ_v 分布不均匀。随着斥水性的逐步增强，除了 θ_v 最大值减小外，土体内部 θ_v 分布的不均匀程度并没有表现出明显变化。

对均质不同斥水程度土壤 10 个处理中 θ_v 的变异系数(C_v)进行计算，具体描述斥水性对土壤水分分布的影响，均质不同斥水程度土壤含水量(θ_v)变异系数(C_v)的计算结果如表 3-14 所示。可以看出：①不论是壤土还是渭河砂土，斥水性可以在一定程度上增强土壤水分分布的不均匀性，但是不同斥水等级对 θ_v 分布不均匀性的影响程度存在差异。在壤土组中，随着斥水性的增强，C_v 逐渐变大，但是 LL2～LL4 中 C_v 变化很小，只有在 LL5 中，C_v 达到最大，说明在极端斥水的均质壤土中，θ_v 分布得最不均匀。对于渭河砂土而言，在 SL3 中，C_v 达到最大，但是随着斥水性的进一步增强，θ_v 分布的不均匀性反而降低。②在同样的斥水等级下，渭河砂土 θ_v 的变异性高于壤土，说明土壤质地对土壤水分的分布也有一定的影响作用，砂壤土比黏壤土在相同斥水性下更容易出现土壤水分分布不均匀的现象。

表 3-14　均质不同斥水程度土壤含水量变异系数的计算结果

处理	C_v	变异程度
LL1	0.46	中等程度变异
LL2	0.62	中等程度变异
LL3	0.63	中等程度变异
LL4	0.65	中等程度变异
LL5	1.11	强变异
SL1	0.49	中等程度变异
SL2	0.78	中等程度变异
SL3	1.45	强变异
SL4	0.90	中等程度变异
SL5	0.71	中等程度变异

2. 非均质土壤入渗

20 种层状斥水性土壤处理的含水量(θ_v)等值线见图 3-10。从图中可以看出，随着上层土壤的斥水等级提高，θ_v 的变化范围变小。表层 0~10cm 的 θ_v 大于下层土壤，并且随着斥水等级提高而减少。由于指流的发生，θ_v 的分布也表现得不均匀。Ritsema 等(1994)研究表明，在田块中产生的指流，含水量最湿润的区域位于指流尖端。在本小节中，θ_v 在指流接近尖端的部分较大，与 Ritsema 等(1994)的研究结果一致。指流含水量等值线的形状与 Hill 等(1972)一致，虽然本小节指流中心部分的 θ_v 低于饱和含水量。此外，上层斥水性土壤的饱和含水量随着斥水等级的提高而降低。Ritsema 等(1994)的研究中展示了更为详细的指流水分分布情况，本小节一共观测了 82 条指流，由于指流的数量较多，未能详细地展示出其水分分布的详细情况。Wallach 等(2008)发现在点源入渗的供水条件下，亲水性和斥水性

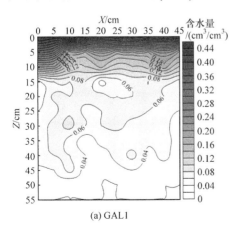
(a) GAL1

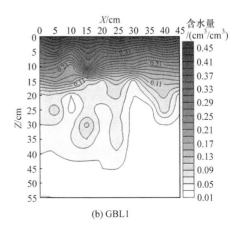
(b) GBL1

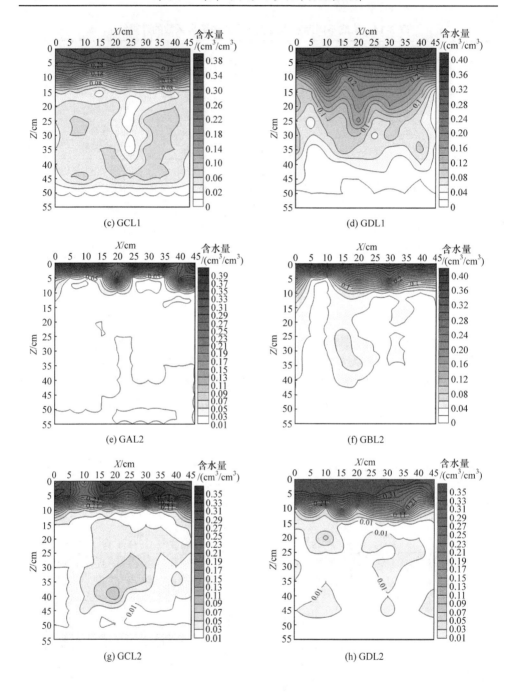

(c) GCL1

(d) GDL1

(e) GAL2

(f) GBL2

(g) GCL2

(h) GDL2

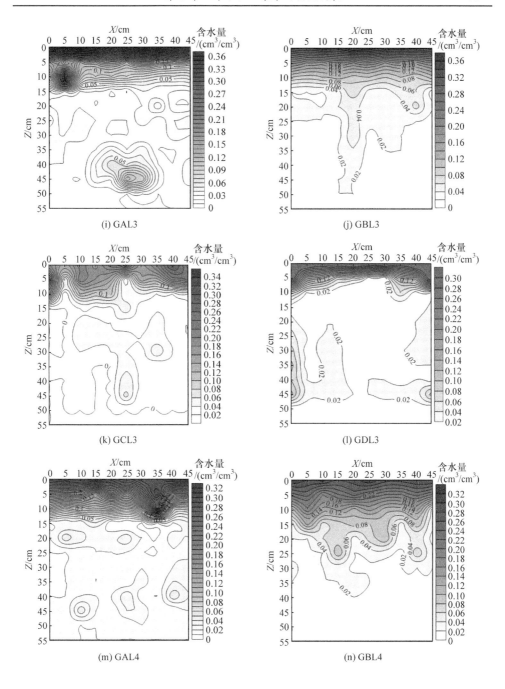

(i) GAL3　　(j) GBL3

(k) GCL3　　(l) GDL3

(m) GAL4　　(n) GBL4

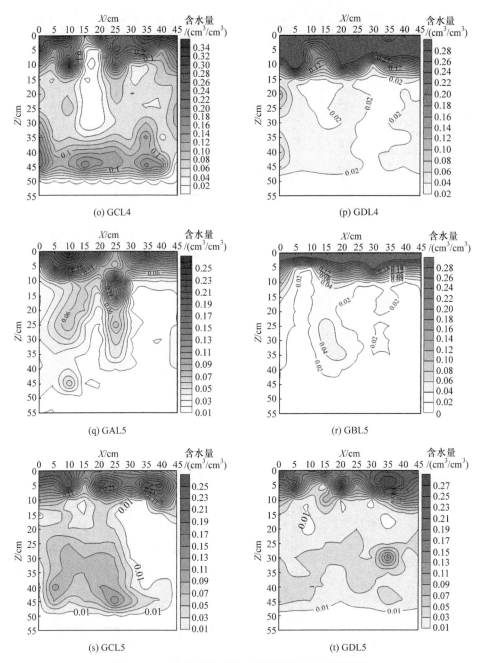

图 3-10　20 种层状斥水性土壤处理的含水量等值线

的砂土中均发生了指状湿润锋，当入渗结束后的水分再分布过程开始时，指流部分的土壤含水量主要集中在垂直方向上，尤其是指流尖端部分。

3.3　本　章　小　结

SWR 会对土壤中的水分入渗过程产生影响，导致优先流现象的发生。本章通过不同斥水程度的均质壤土和渭河砂土入渗过程试验，发现斥水性对土壤的水分入渗过程、湿润锋的发展过程，以及土壤水分的分布情况都有一定影响。

不论是壤土还是渭河砂土，斥水性都可以有效阻碍水分的入渗，延长入渗时间。此外，壤土的入渗耗时要比渭河砂土的耗时长，表明水分在黏壤土中的运移速度明显低于砂壤土。使用 Kostiakov 入渗模型拟合均质情况下 10 个处理的水分入渗情况时，在壤土中，五个斥水级别下的 CI 曲线随着入渗时间的增加，其入渗率均表现为逐渐下降的趋势，这表明入渗的速度在逐渐变缓。在渭河砂土中，除去亲水外的其余四个斥水等级，CI 曲线均出现了随时间逐渐增加的趋势，这与壤土的变化趋势相反，同时表明斥水性土壤中的指流现象可以引发水分的快速入渗。

在壤土和渭河砂土中，随着斥水程度的加强，湿润锋从几乎平行状态，逐渐发展成不均匀状态，并且引发了非均匀流和指流；在相同斥水程度下，渭河砂土比壤土更易表现出湿润锋的不稳定性，表明粗质地的斥水性土壤更易产生不稳定流和指流。

在壤土和渭河砂土中，WA 与 CI 表现出较好的线性相关关系。但是，在 SL3～SL5 中，这种线性关系却并不明显，这表明指流可以在较小的湿润面积中通过较大的水流量；针对 SL3～SL5 中出现的指流，对其进行指流相关指标的计算，发现斥水性在一定范围内可以促进指流的快速运移，但强斥水性会阻碍水分运移，指流在发展过程表现为变速运动；随着斥水性的增强，指流的形态在均质渭河砂土中由细长变得短粗；F_L 与 WA 间有较好的幂函数关系，表明一定范围内，WA 越大，引发的指流越长。

总体上，斥水性均可以在一定程度上增强 θ_v 分布的不均匀性，但是不同斥水等级对 θ_v 分布的不均匀性影响程度存在差异。壤土 LL5 的 C_v 最大，说明在极端斥水的均质壤土中，θ_v 分布得最不均匀。渭河砂土 SL3 的 C_v 最大；渭河砂土 θ_v 的变异性高于壤土，说明砂壤土比黏壤土更容易出现土壤水分分布不均匀的现象。

层状斥水性土壤中的水分运移情况与亲水层状土壤的不同，而且相比均质条件下的斥水性土壤来说，更容易发生指流现象。随着土壤质地从砂壤土变化到黏壤土，CI 大致随着上层土壤斥水程度的增加而降低。上层土壤的质地对湿润锋的运移和水分入渗的控制力更强。随着上层土壤斥水程度的提高，指流的湿润锋变得更加不规律也更不均匀，而且相关的指流指标(包括 F_L、FW_h、F_v、B_v、SI 和 DI)也随着斥水性的变化而发生改变，其中表征指流发展不规则性的两个指标 SI 和

DI 的最大值出现在 GAL3(强度斥水性黏壤土/砂土)和 GCL5(极端斥水性黏壤土/砂土)，表明了指流发生最不规律的土壤条件。

在不同的斥水等级下，指流参数的变化虽然相对随机，但在斥水性和亲水性层状土壤处理之间存在明显差异。在 CI 和 WA、CI 和 F_L 之间存在较好的线性关系，表明较大的累积入渗量会显著增加指流的长度。上层 10cm 厚土壤的含水量 θ_v 随着斥水程度的增强而下降，并且明显高于下层土壤。斥水层状土的入渗和指流发展不一定遵循斥水等级的变化规律，在斥水性和层状结构的综合作用下，水分运移的复杂性得到增强。总的来说，斥水细质地土覆盖亲水粗质地土的结构会导致指流，但是指流的发展情况没有一致的规律。

参 考 文 献

张建丰, 2004. 黄土区层状土入渗特性及其指流的实验研究[D]. 杨凌: 西北农林科技大学.

CARRILLO M L K, LETEY J, YATES S R, 2000. Unstable flow in a layered soil: Ⅱ. The effects of a stable water repellent layer[J]. Soil Science Society of America Journal, 64: 456-459.

DEBANO L F, 1981. Water Repellent Soils: A State-of-the-Art[R]. Berkeley: United States Department of Agriculture, Forest Service.

DEKKER L W, JUNGERIUS P D, 1990. Water repellency in the dunes with special reference to the Netherlands[J]. Catena, 18: 173-183.

DOERR S H, SHAKESBY R A, WALSH R P D, 1996. Soil hydrophobicity variations with depth and particle size fraction in burned and unburned Eucalyptus globulus and Pinus pinaster forest terrain in the Águeda Basin, Portugal[J]. Catena, 27(1): 25-47.

DOERR S H, SHAKEBY R A, WALSH R P D, 2000. Soil water repellency: Its causes, characteristics and hydro-geomorphological significance[J]. Earth-Science Reviews, 51(1-4): 33-65.

HILL D E, PARLANGE J Y, 1972. Wetting front instability in layered soils[J]. Soil Science Society of American Journal, Proceeding, 36: 697-702.

KOSTIAKOV A N, 1932. On the dynamics of the coefficient of water-percolation in soils and on the necessity of studying it from a dynamic point of view for purposes of amelioration[J]. Soil Science, Russian Part A: 17-21.

NIELSEN D R, BOUMA J, 1985. Soil Spatial Variability[C]. Las Vegas: Proceedings of a Workshop of the International Soil Science Society and the Soil Science Society of America.

RITSEMA C J, DEKKER L W, 1994. How water moves in a water repellent sandy soil.2. Dynamics of finger flow[J]. Water Resources Research, 30: 2519-2531.

RYE C F, SMETTEM K R J, 2017. The effects of water repellent soil surface layers on preferential flow and bare evaporation[J]. Geoderma, 289: 142-149.

WALLACH R, JORTZICK C, 2008. Unstable finger-like flow in water-repellent soils during wetting and redistribution-the case of point water source[J]. Journal of Hydrology, 351: 26-41.

WANG Z, WU Q J, WU L, et al., 2000. Effects of soil water repellency on infiltration rate and flow instability[J]. Journal of Hydrology, 231-232: 265-276.

第4章　斥水性土壤水分运移模拟

土壤水分入渗过程可以由试验或模拟的方式获得，物理过程可以由一系列方程定量化，Richards(1931)方程的解析解或数值解通常应用于亲水性土壤的水分运移过程研究。以往的研究表明 SWR 对土壤水分运移过程的影响十分明显。HYDRUS-1D 软件近年来被广泛应用于亲水性土壤水分运移的数值模拟，然而在斥水性土壤中的应用效果还少有研究。本章应用 HYDRUS-1D 对均质和非均质斥水性土壤的入渗和蒸发过程进行模拟，并设置情景进行预测模拟，以期为斥水性土壤水分运移规律研究提供参考。

4.1　均质斥水性土壤入渗模拟

4.1.1　材料与方法

1. 试验土样

试验所用的四种土样取自三个地区农田表层 0～30cm，包括陕西杨凌地区的壤土和砂土，安徽阜阳的砂浆黑土和新疆玛纳斯的盐碱土。土样经风干、粉碎研磨、去除杂物后过孔径为 2mm 的筛子。采用 DDS-303 电导率仪，在 25℃下测定稀释 5 倍后饱和浸提液的电导率(electronic conductivity，EC)；采用比色法(外热-重铬酸钾)测定土壤有机质含量(soil organic matter，SOM)；采用烘干法(鲍士旦，2000)测定土壤的残余含水量和饱和含水量；采用定水头方法测定土壤饱和导水率(K_s) (Jury et al.，1991)；使用吸管法(Gee et al.，1986)分析亲水土样的颗粒组成，土壤质地分类采用国际制方法，供试土样的基本土壤理化性质如表 4-1 所示。

表 4-1　供试土样的基本土壤理化性质

土壤	采样地	经度 /(°)	纬度 /(°)	容重 /(g/cm³)	黏粒质量 分数/%	粉粒质量 分数 /%	砂粒质量 分数/%	土质	EC /(dS/m)	SOM /(g/kg)
壤土	杨凌	108.06	34.27	1.35	14.9	78.7	6.4	粉壤土	27.8	7.6
砂土	杨凌	108.06	34.27	1.50	0.1	6.2	93.7	砂土	15.9	5.6
砂浆黑土	阜阳	115.81	32.89	1.40/1.45	11.2	70.6	18.2	粉黏壤土	21.4	21.5
盐碱土	玛纳斯	86.09	44.26	1.45	22.8	31.9	45.3	黏壤土	776.7	7.4

　　向亲水土样中加入不同用量的表面斥水性活性材料(十八烷基伯胺)可制备不同等级的斥水性土壤。加入蒸馏水使土-十八烷基伯胺混合样达到饱和,然后放入烘箱在75℃条件下烘24h,以达到稳定的斥水级别。根据加入的十八烷基伯胺量的不同,测定斥水土样的初始 WDPT(WDPT$_i$),对土样斥水等级进行划分。当WDPT$_i$在 5s 以内为亲水,5s ≤ WDPT$_i$ < 60s 为轻微斥水,60s ≤ WDPT$_i$ < 600s 为强度斥水,600s ≤ WDPT$_i$ < 3600s 为严重斥水,WDPT$_i$ ≥ 3600s 为极端斥水。不同斥水等级土壤的十八烷基伯胺施用量(AAO)及初始 WDPT(WDPT$_i$)见表4-2。

表 4-2　不同斥水等级土壤的十八烷基伯胺施用量及初始 WDPT

土柱	土壤	亲水		轻微斥水		强度斥水	
		AAO/(g/kg)	WDPT$_i$/s	AAO/(g/kg)	WDPT$_i$/s	AAO/(g/kg)	WDPT$_i$/s
水平	壤土	0.00	2.2	0.40	24	0.67	330
	砂土	0.00	0.9	0.40	7	0.67	110
	砂浆黑土	0.00	1.5	0.40	14	0.67	360
	盐碱土	0.00	3.2	0.40	41	0.67	85
垂直	壤土	0.00	3.1	0.40	32	0.67	315
	砂土	0.00	0.5	0.40	9	0.67	132
	砂浆黑土	0.00	2.2	0.40	18	0.67	350
	盐碱土	0.00	4.0	0.40	27	0.67	105

　　不同类型、不同斥水级别土壤的水分特性曲线见图 4-1。

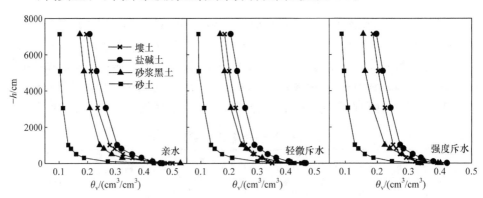

图 4-1　不同类型、不同斥水级别土壤的水分特性曲线
h-吸力

　　由图 4-1 可以看出,同一斥水级别,同一吸力下,土壤含水量由小到大分别是砂土、砂浆黑土、壤土和盐碱土;随着斥水级别的增加,四种土壤的饱和含水

量呈现降低的趋势。

2. 试验设置

分别针对不同斥水等级的壤土、砂土、砂浆黑土和盐碱土四种土壤进行了一维水平吸渗和垂直入渗试验。其中水平吸渗试验中壤土和砂浆黑土的斥水等级为亲水、轻微斥水和强度斥水，砂土和盐碱土的斥水等级为亲水和严重斥水。将风干土样分层装入直径为 8cm、长度为 60cm 的土柱。垂直入渗试验将风干的土样分层装入直径为 8.5cm、高度为 60cm 的土柱中，用容量为 500mL 的马氏瓶供水，提供垂直入渗试验所需的积水高度。亲水性土壤的积水高度为 2.0cm 和 4.5cm，轻微斥水试验的积水高度分别为 4.5cm 和 7.5cm，强度斥水试验的积水高度为 2.0cm。水平吸渗和垂直入渗试验装置图见图 4-2。

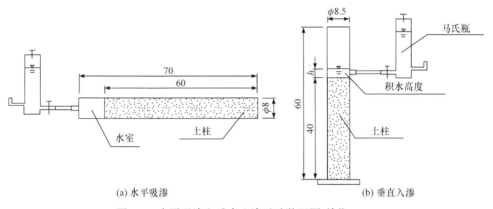

(a) 水平吸渗　　　　　　　　　　　　　　　(b) 垂直入渗

图 4-2　水平吸渗和垂直入渗试验装置图(单位：cm)

马氏瓶开始供水后，用秒表记录试验时间，观察湿润锋的推进距离，当湿润锋到达 40cm 时停止试验。为防止水分再分布造成的影响，试验结束后，对水平土柱的土样每隔 4cm 取样，垂直土柱的土样每隔 3cm 取样，取得的土样在 105℃下烘 24h，测得质量含水量，进而得到体积含水量 θ_{v}。马氏瓶的供水量除以土柱的横截面积得到累积入渗量(CI)。

3. 模型描述和参数确定

斥水性土壤中的水分运移遵循 Richards 方程(Ganz et al., 2013)：

$$\frac{\partial \theta_{v}}{\partial t} = \frac{\partial}{\partial x}\left[K\left(\frac{\partial h}{\partial \theta_{v}} + \cos A \right) \right] - S \tag{4-1}$$

式中，θ_{v} 为含水量，cm^3/cm^3；t 为时间，min；A 为水流与垂直方向的夹角；K 为非饱和导水率，cm/min；S 为源汇项，$cm^3/(cm^3 \cdot min)$。

忽略由空气流动引起的潜在黏滞力影响和滞后效应,非饱和土壤水力参数选用 van Genuchten(1980)公式:

$$\theta_v(h) = \begin{cases} \theta_r + \dfrac{(\theta_s - \theta_r)}{(1 + |\alpha h|^n)^m}, & h < 0 \\ \theta_s, & h \geqslant 0 \end{cases} \tag{4-2}$$

$$K(h) = \begin{cases} K_s S_e^l \left[1 - (1 - S_e^{\frac{1}{m}})^m \right]^2, & h < 0 \\ K_s, & h \geqslant 0 \end{cases} \tag{4-3}$$

式中,θ_s 为饱和含水量,cm^3/cm^3;θ_r 为残余含水量,cm^3/cm^3;K_s 为饱和导水率,cm/min;$S_e = (\theta_s - \theta_r)/(\theta_v - \theta_r)$;$\alpha$ 和 n 为经验系数,分别与进气值和土壤颗粒分布有关;l 为形状系数,通常设置为 0.5。

θ_r、θ_s 和 K_s 选用实测值。为获得经验系数 α 和 n,将离心机测得的不同质地和不同斥水等级的土壤水分特性曲线输入 RETC 软件中。土壤水分特性曲线参数见表 4-3。表中 θ_r、θ_s 和 K_s 为实测值,α 和 n 由 RETC 拟合。由表 4-3 可以看出,随着斥水级别的增加,土壤的饱和导水率呈现下降的趋势。

表 4-3　土壤水分特性曲线参数

土壤	斥水级别	θ_r/(cm³/cm³)	θ_s/(cm³/cm³)	K_s/(cm/min)	α/cm⁻¹	n
壤土	亲水	0.07	0.475	8.0×10^{-3}	0.003	1.30
	轻微斥水	0.05	0.435	2.0×10^{-4}	0.010	1.30
	强度斥水	0.05	0.410	1.0×10^{-4}	0.006	1.55
砂土	亲水	0.01	0.390	2.4×10^{-1}	0.080	1.65
	强度斥水	0.01	0.390	4.0×10^{-2}	0.220	1.35
砂浆黑土	亲水	0.07	0.450	5.6×10^{-3}	0.005	1.44
	轻微斥水	0.03	0.450	3.0×10^{-4}	0.065	1.51
	强度斥水	0.03	0.400	2.5×10^{-4}	0.005	1.80
盐碱土	亲水	0.07	0.400	3.2×10^{-3}	0.050	1.28
	强度斥水	0.03	0.400	6.0×10^{-4}	0.100	1.50

得到土壤水力参数的初始值后,应用 HYDRUS-1D 对水平吸渗和垂直入渗过程进行模拟。HYDRUS-1D 软件的主操作界面主要由前处理和后处理两个部分组成,前处理部分详细步骤如下。

(1) 主过程(Main Processes):对模拟的主要内容进行选择,可供选择的有水流、溶质运移、热运移、根系吸水、CO_2 运移及反算，HYDRUS-1D 水力参数模型操作界面见图 4-3。

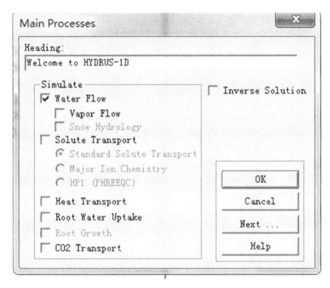

图 4-3　HYDRUS-1D 水力参数模型操作界面

(2) 几何形状参数及剖面方式(Geometry Information)：设置长度单位和土层信息，包括水流方向的设置。

(3) 时间信息(Time Information)：设置模拟时间单位、模拟时长、初始时间步长、最小和最大时间步长信息等。

(4) 输出信息(Print Information)：设置模拟结果输出信息。

(5) 水流迭代信息(Water Flow-Interation Criteria)：设置模拟的迭代步长。

(6) 水流水力参数模型(Water Flow-Soil Hydraulic Model)：选择模拟所用的土壤水力参数模型。可以选择单孔隙或多孔隙模型，根据是否考虑土壤水分特性曲线的滞后作用，通常选择的是单孔隙模型下的 van Genuchen-Mualem 模型。

(7) 水流土壤水力参数(Water Flow-Soil Hydraulic Parameters)：设置土壤水力参数，可以输入由 RETC 拟合的参数，也可以应用模型自带的数据库或者人工神经网络进行预测。

(8) 水流边界条件信息(Water Flow Bounary Conditions)：设置模型模拟的上下边界条件及初始条件信息。HYDRUS-1D 软件的边界条件设置十分灵活，HYDRUS-1D 边界条件操作界面见图 4-4。上边界条件有定水头、定通量、大气边界、表面径流的大气边界、变水头和变通量等。下边界有定水头、定通量、变水头、变通量、自由排水、深层排水、渗漏面和水平排水等。初始条件可选择水势和含水量两种表示方法。

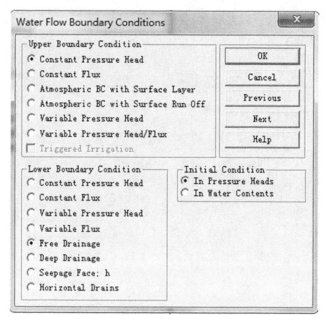

图 4-4　HYDRUS-1D 边界条件操作界面

(9) 土壤剖面-图形编辑(Soil Profile-Graphical Editor)：应用图形工具进行土壤剖面信息的划分，可以设置土层、初始条件及观测点等。

(10) 土壤剖面表格编辑(Soil Profile Summary)：应用表格对土壤剖面信息进行汇总设置，见图 4-5。

	z [cm]	h [cm]	oot [1/cm	Axz	Bxz	Dxz	Mat
1	0	0	0	1	1	1	1
2	0.5	-0.5	0.02	1	1	1	1
3	1	-1	0.04	1	1	1	1
4	1.5	-1.5	0.06	1	1	1	1
5	2	-2	0.08	1	1	1	1
6	2.5	-2.5	0.1	1	1	1	1
7	3	-3	0.12	1	1	1	1
8	3.5	-3.5	0.14	1	1	1	1
9	4	-4	0.16	1	1	1	1
10	4.5	-4.5	0.18	1	1	1	1
11	5	-5	0.2	1	1	1	1
12	5.5	-5.5	0.22	1	1	1	1
13	6	-6	0.24	1	1	1	1
14	6.5	-6.5	0.26	1	1	1	1
15	7	-7	0.28	1	1	1	1

图 4-5　HYDRUS-1D 土壤剖面表格编辑界面

结合水平吸渗和垂直入渗试验，模拟的初始及上、下边界条件设置为

$$\begin{cases} h\,(x,0) = h_i(x) \\ h(x,t) = h(0,t) \\ h\,(x,t) = h_i(x), x = L \end{cases} \tag{4-4}$$

式中，$h_i(x)$ 为不同土壤剖面的水势，cm；$h(0,t)$ 为表层土壤水势，cm；x 为水流运动距离，cm；L 为土柱高度，cm。

计算相对均方根误差(RRMSE)、相关系数(R^2)和纳什效率系数(NSE)(Nash et al.，1970)进行模型模拟的效果评价，计算公式如下：

$$\text{RRMSE} = \sqrt{\frac{\sum_{i=1}^{N}(O_i - S_i)^2}{N}} \bigg/ \overline{O} \tag{4-5}$$

$$R^2 = \frac{\left[\sum_{i=1}^{N}\left(O_i - \overline{O}\right)\left(S_i - \overline{S}\right)\right]^2}{\sum_{i=1}^{N}\left(O_i - \overline{O}\right)^2 \cdot \sum_{i=1}^{N}\left(S_i - \overline{S}\right)^2} \tag{4-6}$$

$$\text{NSE} = 1 - \sum_{i=1}^{N}(S_i - O_i)^2 \bigg/ \sum_{i=1}^{N}(O_i - \overline{O})^2 \tag{4-7}$$

式中，S_i 为模拟值；O_i 为实测值；$\overline{S}$ 为模拟平均值；$\overline{O}$ 为实测平均值；N 为实测点的总数。

当 RRMSE < 10%时，认为模拟的效果极佳；当 10% ≤ RRMSE ≤ 20%时，认为模拟效果很好；当 20% < RRMSE ≤ 30%时，认为模拟效果一般；当 RRMSE > 30%时，认为模拟效果较差(Jamieson et al.，1991)。R^2 越接近 1 表明模拟的结果越好。NSE 反映了模拟值与实测值随时间的接近程度，通常用于评估模型是否优于仅使用实测数据的平均值。NSE 为 1 表示实测值与模拟值完全匹配，NSE 为 0 表示模型的仿真结果与实测值的均值序列相等。当 NSE < 0 时，表示取均值对实测数据进行分析优于模拟值。

选用一部分垂直试验进行土壤水力参数的率定，率定的过程是通过计算 R^2、RRMSE 和 NSE，对比实测和模拟的累积入渗量、湿润锋和试验结束时的剖面含水量，对土壤水力参数 α 和 n 进行调整，直至效果整体较好。选用部分垂直入渗试验和水平吸渗试验作为验证参数的处理，验证的过程同率定的过程。由于斥水性土壤中水分入渗速度较亲水性土壤中慢，试验耗时较长，土壤水力参数经过率定和验证后，可应用 HYDRUS-1D 对不同情况的试验进行预测，对斥水性土壤中水分运移规律的研究进行补充。本节对各个试验处理在不同时刻不同剖面深度的

含水量变化进行模拟。最后设置 4cm、6cm、8cm 和 10cm 的积水高度，对强度斥水级别不同质地土壤的垂直入渗水分运移规律进行预测。

率定、验证及预测模拟试验处理见表 4-4。

表 4-4　率定、验证及预测模拟试验处理

方向	土壤	斥水级别	积水高度/cm	过程
垂直	塿土	亲水	2.0	率定参数
	塿土	轻微斥水	4.5	
	塿土	强度斥水	2.0	
	砂土	亲水	2.0	
	砂土	强度斥水	2.0	
	砂浆黑土	亲水	2.0	
	砂浆黑土	轻微斥水	2.0	
	砂浆黑土	强度斥水	2.0	
	盐碱土	亲水	2.0	
	盐碱土	强度斥水	2.0	
水平	塿土	亲水	—	验证参数
	塿土	轻微斥水	—	
	塿土	强度斥水	—	
	砂土	亲水	—	
	砂土	强度斥水	—	
	砂浆黑土	亲水	—	
	砂浆黑土	轻微斥水	—	
	砂浆黑土	强度斥水	—	
	盐碱土	亲水	—	
	盐碱土	强度斥水	—	
垂直	塿土	亲水	4.5	
	塿土	轻微斥水	7.5	
	砂浆黑土	亲水	4.5	
	砂浆黑土	轻微斥水	7.5	
垂直	塿土	强度斥水	4.0、6.0、8.0 和 10.0	预测模拟
	砂土	强度斥水		
	砂浆黑土	强度斥水		
	盐碱土	强度斥水		

4.1.2 结果与分析

1. 土壤水力参数率定

不同土壤和不同斥水级别土样的实测θ_r、θ_s、K_s和最终率定的经验系数α与n见表4-5。

表 4-5 不同土壤和不同斥水级别土样的实测θ_r、θ_s、K_s和最终率定的经验系数α与n

土壤	斥水级别	实测			率定	
		$\theta_r/(cm^3/cm^3)$	$\theta_s/(cm^3/cm^3)$	$K_s/(cm/min)$	α/cm^{-1}	n
堘土	亲水	0.07	0.475	8.0×10^{-3}	0.006	1.35
	轻微斥水	0.05	0.435	2.0×10^{-4}	0.009	1.19
	强度斥水	0.05	0.410	1.0×10^{-4}	0.006	1.30
砂土	亲水	0.01	0.390	2.4×10^{-1}	0.080	1.65
	强度斥水	0.01	0.390	4.0×10^{-2}	0.200	1.40
砂浆黑土	亲水	0.07	0.450	5.6×10^{-3}	0.006	1.40
	轻微斥水	0.03	0.450	3.0×10^{-4}	0.070	1.43
	强度斥水	0.03	0.400	2.5×10^{-4}	0.030	2.00
盐碱土	亲水	0.07	0.400	3.2×10^{-3}	0.048	1.20
	强度斥水	0.03	0.400	6.0×10^{-4}	0.400	1.56

由表4-5可知,堘土的亲水、轻微斥水和强度斥水的土壤水力参数中经验系数α分别为0.006cm^{-1}、0.009cm^{-1}和0.006cm^{-1},n分别为1.35、1.19和1.30;砂土亲水和强度斥水的土壤水力参数中经验系数α为0.080cm^{-1}和0.200cm^{-1},n为1.65和1.40;砂浆黑土的亲水、轻微斥水和强度斥水的土壤水力参数中经验系数α分别为0.006cm^{-1}、0.070cm^{-1}和0.030cm^{-1},n分别为1.40、1.43和2.00;盐碱土的亲水和强度斥水的土壤水力参数α为0.048cm^{-1}和0.400cm^{-1},n为1.20和1.56。

在率定堘土、砂土、砂浆黑土和盐碱土土壤水力参数中经验系数α和n的过程,首先将实测值和模拟值进行对比,HYDRUS-1D率定垂直入渗亲水、轻微斥水和强度斥水性土壤水力参数α和n见图4-6。

由图4-6可以看出,总体上,垂直入渗试验中,堘土、砂土、砂浆黑土和盐碱土的亲水2cm积水高度、轻微斥水4.5cm积水高度和强度斥水2cm积水高度的实测值和模拟值十分接近。同一种土壤,随着斥水级别的增加,实测值和模拟值的偏离程度有所增加。垂直入渗不同斥水级别土壤率定参数评价效果见表4-6。

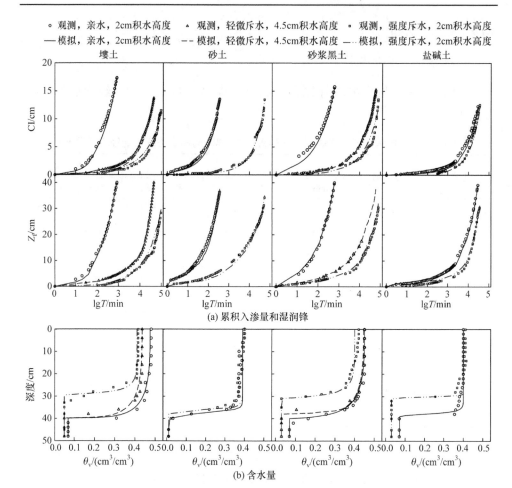

图 4-6　HYDRUS-1D 率定垂直入渗亲水、轻微斥水和强度斥水性土壤水力参数 α 和 n

表 4-6　垂直入渗不同斥水级别土壤率定参数评价效果

土壤	斥水级别	积水高度/cm	入渗参数	RRMSE/%	R^2	NSE
壤土	亲水	2.0	CI	9.9	0.999	0.961
			Z_f	4.3	0.995	0.992
			θ_v	9.9	0.996	0.962
	轻微斥水	4.5	CI	7.1	0.993	0.996
			Z_f	3.3	0.992	0.991
			θ_v	13.5	0.802	0.973
	强度斥水	2.0	CI	14.5	0.993	0.972
			Z_f	20.1	0.996	0.899
			θ_v	14.5	0.941	0.865

续表

土壤	斥水级别	积水高度/cm	入渗参数	RRMSE/%	R^2	NSE
砂土	亲水	2.0	CI	8.4	0.997	0.968
			Z_f	8.8	0.996	0.977
			θ_v	5.4	0.966	0.913
	强度斥水	2.0	CI	12.7	0.992	0.964
			Z_f	7.5	0.997	0.994
			θ_v	15.3	0.912	0.714
砂浆黑土	亲水	2.0	CI	8.4	0.999	0.961
			Z_f	3.2	0.999	0.996
			θ_v	12.2	0.999	0.963
	轻微斥水	4.5	CI	5.1	0.996	0.991
			Z_f	4.0	0.995	0.995
			θ_v	11.8	0.996	0.968
	强度斥水	2.0	CI	20.2	0.976	0.930
			Z_f	10.0	0.999	0.978
			θ_v	7.1	0.980	0.949
盐碱土	亲水	2.0	CI	16.2	0.998	0.981
			Z_f	6.3	0.998	0.997
			θ_v	7.8	0.957	0.902
	强度斥水	2.0	CI	15.4	0.980	0.970
			Z_f	7.3	0.995	0.993
			θ_v	16.3	0.944	0.802

由表 4-6 可以看出：①对于壤土，2cm 积水高度的亲水入渗试验的 RRMSE≤9.9%，R^2≥0.995，NSE≥0.961，4.5cm 积水高度的轻微斥水入渗试验的 RRMSE≤13.5%，R^2≥0.802，NSE≥0.973，2cm 积水高度的强度斥水入渗试验 RRMSE≤20.1%，R^2≥0.941，NSE≥0.865。②对于砂土，2cm 积水高度的亲水入渗试验的 RRMSE≤8.8%，R^2≥0.966，NSE≥0.913，2cm 积水高度的强度斥水入渗试验的 RRMSE≤15.3%，R^2≥0.912，NSE≥0.714。③对于砂浆黑土，2cm 积水高度的亲水入渗试验的 RRMSE≤12.2%，R^2≥0.999，NSE≥0.961，4.5cm 积水高度的轻微斥水入渗试验的 RRMSE≤11.8%，R^2≥0.995，NSE≥0.968，2cm 积水高度的强度斥水入渗试验的 RRMSE≤20.2%，R^2≥0.976，NSE≥0.930。④对于盐碱土，2cm 积水高度的亲水入渗试验的 RRMSE≤16.2%，R^2≥0.957，NSE≥0.902，2cm 积水高度的强度斥水入渗试验的 RRMSE≤16.3%，R^2≥0.944，NSE≥0.802。综上，垂直入渗试验率定参数的结果整体较好。

2. 土壤水力参数验证

参数验证过程模拟的 CI、Z_f 和 θ_v 的对比关系见图 4-7。

由图 4-7 可以看出，整体上，验证参数的水平吸渗和垂直入渗处理的实测与模拟 CI、Z_f、θ_v 十分接近，尤其是塿土和砂浆黑土，各个斥水级别处理的实测值和模拟值高度吻合。从图中也可以看出，斥水性土壤水分运移过程湿润锋和累积

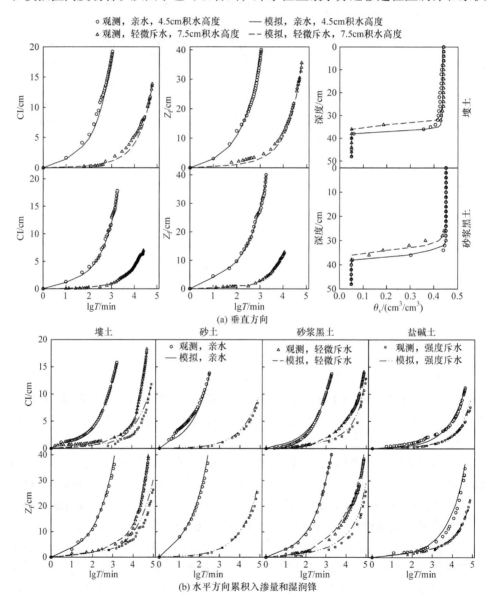

(a) 垂直方向

(b) 水平方向累积入渗量和湿润锋

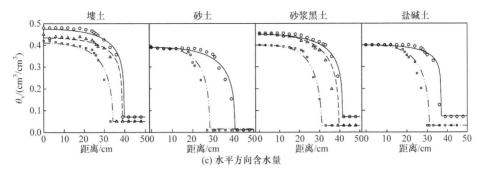

(c) 水平方向含水量

图 4-7　参数验证过程模拟的 CI、Z_f 和 θ_v 结果

入渗量的变化较亲水性土壤缓慢，各个剖面的含水量随着斥水级别的增加整体上呈现下降的趋势。

水平吸渗不同斥水级别土壤验证参数评价效果见表 4-7。

表 4-7　水平吸渗不同斥水级别土壤验证参数评价效果

土壤	斥水级别	积水高度/cm	吸渗参数	RRMSE/%	R^2	NSE
壤土	亲水	2.0	CI	3.5	0.999	0.998
			Z_f	8.1	0.999	0.978
			θ_v	5.4	0.989	0.958
	轻微斥水	4.5	CI	7.4	0.993	0.993
			Z_f	11.2	0.986	0.959
			θ_v	9.2	0.983	0.805
	强度斥水	4.5	CI	18.6	0.987	0.941
			Z_f	21.1	0.876	0.897
			θ_v	11.1	0.943	0.863
砂土	亲水	2.0	CI	15.6	0.999	0.905
			Z_f	7.8	0.989	0.962
			θ_v	7.1	0.948	0.902
	强度斥水	4.5	CI	20.8	0.983	0.945
			Z_f	10.3	0.990	0.989
			θ_v	15.9	0.978	0.780
砂浆黑土	亲水	2.0	CI	8.0	0.999	0.991
			Z_f	2.8	0.983	0.998
			θ_v	2.2	0.985	0.947
	轻微斥水	4.5	CI	7.7	0.995	0.986
			Z_f	10.4	0.943	0.972
			θ_v	6.0	0.942	0.949

续表

土壤	斥水级别	积水高度/cm	吸渗参数	RRMSE/%	R^2	NSE
砂浆黑土	强度斥水	4.5	CI	17.2	0.910	0.952
			Z_f	14.4	0.972	0.959
			θ_v	8.4	0.980	0.863
盐碱土	亲水	2.0	CI	12.5	0.996	0.975
			Z_f	5.2	0.990	0.993
			θ_v	16.6	0.965	0.906
	强度斥水	4.5	CI	16.0	0.990	0.948
			Z_f	18.4	0.973	0.952
			θ_v	20.0	0.968	0.774

表 4-7 表明,水平吸渗试验中,对于壤土,亲水吸渗试验的 RRMSE≤8.1%,R^2≥0.989,NSE≥0.958,轻微斥水吸渗试验的 RRMSE≤11.2%,R^2≥0.983,NSE≥0.805,强度斥水吸渗试验的 RRMSE≤21.1%,R^2≥0.876,NSE≥0.863;对于砂土,亲水吸渗试验的 RRMSE≤15.6%,R^2≥0.948,NSE≥0.902,强度斥水吸渗试验的 RRMSE≤20.8%,R^2≥0.978,NSE≥0.780;对于砂浆黑土,亲水吸渗试验的 RRMSE≤8.0%,R^2≥0.983,NSE≥0.947,轻微斥水吸渗试验的 RRMSE≤10.4%,R^2≥0.942,NSE≥0.949,强度斥水吸渗试验的 RRMSE≤17.2%,R^2≥0.910,NSE≥0.863;对于盐碱土,亲水吸渗试验的 RRMSE≤16.6%,R^2≥0.965,NSE≥0.906;强度斥水吸渗试验的 RRMSE≤20.0%,R^2≥0.968,NSE≥0.774。

3. 强度斥水性土壤垂直入渗模拟

不同土壤类型在不同斥水级别下的土壤水力参数经过垂直入渗和水平吸渗试验的率定和验证,整体上的模拟效果较好。随着斥水级别的增加,水分入渗的速度越来越慢,通过室内试验的方式很难对斥水性土壤中水分入渗规律进行全面研究,因此对强度斥水的壤土、砂土、砂浆黑土和盐碱土在 4cm、6cm、8cm 和 10cm 积水高度下的垂直入渗情况应用 HYDRUS-1D 进行预测模拟。壤土和砂浆黑土的入渗时间设置为 10^5min,砂土的入渗时间设置为 $5×10^4$min,盐碱土的入渗时间设置为 $1.5×10^5$min。不同积水高度下强度斥水性土壤 CI 和 Z_f 模拟结果见图 4-8。

由图 4-8 可见,积水高度为 4cm、6cm、8cm 和 10cm 时,对于强度斥水性壤土,当入渗时间为 10^5min,累积入渗量 CI 分别为 12.06cm、12.84cm、13.52cm 和 14.14cm,湿润锋 Z_f 分别是 37.1cm、39.1cm、41.0cm 和 42.6cm;对于强度斥水性砂土,当入渗时间为 $5×10^4$min,累积入渗量 CI 分别为 13.62cm、14.67cm、15.58cm 和 16.40cm,湿润锋 Z_f 分别是 38.1cm、40.8cm、43.3cm 和 45.1cm;对于强度斥水

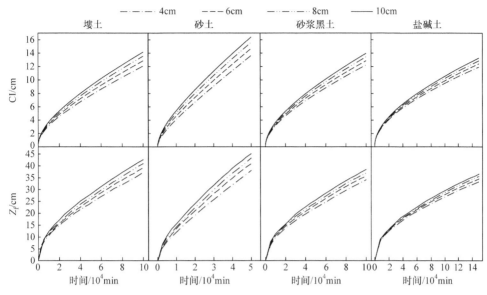

图 4-8 不同积水高度下强度斥水性土壤 CI 和 Z_f 模拟结果

性砂浆黑土，当入渗时间为 10^5min，累积入渗量 CI 分别为 12.23cm、12.85cm、13.42cm 和 13.95cm，湿润锋 Z_f 分别是 33.8cm、36.0cm、37.0cm 和 38.5cm；对于强度斥水性盐碱土，当入渗时间为 1.5×10^5min，累积入渗量 CI 分别为 11.94cm、12.85cm、13.42cm 和 13.95cm，湿润锋 Z_f 分别是 33.3cm、34.5cm、35.6cm 和 36.6cm。随着积水高度的增加，四种土壤的累积入渗量和湿润锋呈现增加的趋势，其中砂土的累积入渗量和湿润锋随着积水高度的增加量明显高于其他三种土，盐碱土的增加量最小。

不同积水高度下强度斥水性土壤剖面 θ_v 模拟结果见图 4-9。土壤各深度剖面的 θ_v 随着入渗时间的增长增加。例如，对于壤土，当入渗时间为 4×10^4min 时，20cm 剖面在 4cm、6cm、8cm 和 10cm 积水高度下 θ_v 分别为 0.277cm³/cm³、0.369cm³/cm³、0.399cm³/cm³ 和 0.413cm³/cm³，四种强度斥水性土壤剖面在某一入渗时刻 θ_v 均可由图 4-9 得到。湿润锋随着积水高度的增加呈现增加的趋势，强度斥水性砂土的干湿交界面在四种土壤中最为明显。

HYDRUS 软件广泛应用于土壤水分运移、溶质运移及热运移等诸多模拟研究之中。Lü 等(2011)应用 HYDRUS-1D 模拟砂石覆盖对土壤水分运移的影响；Iqbal 等(2016)应用 HYDRUS-2D 模拟沟灌条件下，土壤溶质运移和氮素流失；Yang 等(2017)应用 HYDRUS-1D 模拟漫灌方式下的氮素运移等。针对斥水性土壤水分运移过程的模拟研究，Yang 等(1996)基于有限元的方法提出轻微斥水和强度斥水砂土中垂直入渗的数值模型，由于随着斥水强度的增加，湿润锋出现不规则情况，模拟的效果降低；Sonneveld 等(2003)应用 SWAP 模型模拟亲水、轻微斥水和强度斥水条件下的土壤水分运移过程，当考虑优先流后，模拟效果变好，尤其是强度斥水性土壤。

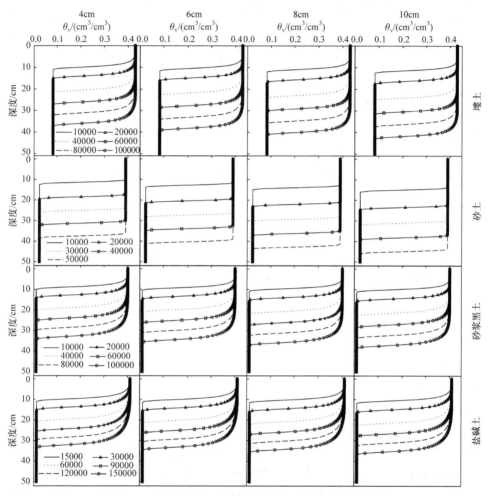

图 4-9 不同积水高度下强度斥水性土壤剖面 θ_v 模拟结果

图例表示时间, min

本节应用 HYDRUS-1D 模拟了水平吸渗和垂直入渗条件下的不同土壤亲水、轻微斥水和强度斥水的水分运移规律，结果与 Yang 等(1996)的有限元模拟相似，随着斥水级别的增加，土壤含水量呈现下降的趋势，整体上模拟结果较好。极端斥水试验开始后，湿润锋很快变得模糊，不便于观察，应用 HYDRUS-1D 模拟极端斥水条件下的土壤水分运移，可能需要考虑更多因素，如土壤斥水性水分特性曲线等(Li et al., 2017; Wijewardana et al., 2016; Karunarathna et al., 2010; Regalado et al., 2009)。

应用 HYDRUS-1D 模拟不同土壤亲水、轻微斥水和强度斥水的水平吸渗和垂直入渗的水分运移过程。土壤水力参数 θ_r、θ_s 和 K_s 采用实测值，α 和 n 初始值采用 RETC 软件拟合土壤水分特性曲线得到。经过率定和验证，模拟整体效果较好。对于亲水性土壤，RRMSE、R^2 和 NSE 的变化范围分别为 2.2%～16.6%、0.930～0.999 和 0.783～0.998；对于轻微斥水性土壤，RRMSE、R^2 和 NSE 的变化范围分别为 1.5%～11.7%、0.942～0.996 和 0.796～0.996；对于强度斥水性土壤，RRMSE、R^2 和 NSE 的变化范围分别为 8.4%～21.1%、0.876～0.99 和 0.774～0.989。对于同一种土壤，随着斥水性的增加，模拟的效果有所降低，但是整体的模拟效果可以接受，肯定了 HYDRUS 在斥水性土壤中水分运移模拟的适用性。对于积水高度为 4cm、6cm、8cm 和 10cm 强度斥水的累积入渗量、湿润锋和剖面含水量的模拟，清晰揭示了土壤水分的变化过程，为进一步研究不同质地、不同斥水性土壤中水分运移、溶质运移等提供依据。

4.1.3 均质斥水性土壤蒸发模拟

1. 蒸发试验处理

均质蒸发试验的试验处理为壤土、砂土和盐碱土，斥水级别为亲水、轻微斥水、强度斥水及严重斥水 4 个级别，共 12 个处理，将土样装入土柱后打开远红外灯进行加热蒸发试验。每天固定时刻对土柱称重，得到其蒸发量，蒸发试验时间为 15d。试验结束后，沿土柱垂直剖面在不同深度处取土，含水量用烘干法测定。

2. HYDRUS-1D 模拟蒸发理论

土壤水力参数与均质入渗试验相同。模拟的上边界设置为大气边界，下边界设置为定通量边界，蒸发过程的模拟控制方程为

$$\begin{cases} \dfrac{\partial \theta_v}{\partial t} = \dfrac{\partial}{\partial x}\left[K\left(\dfrac{\partial h}{\partial \theta_v} + \cos A \right) \right] - S \\ h(x,0) = h_i(x) \\ E_a(t) = -K\left(\dfrac{\partial h(x,t)}{\partial x} + 1 \right) \end{cases} \tag{4-8}$$

式中，$E_a(t)$ 为土柱表面实际蒸发速率，cm/h。

对实测和 HYDRUS-1D 模拟的累积蒸发量(CE)、蒸发率(i)和蒸发试验结束时土壤剖面的含水量(θ_v)模拟效果评价用 R^2、RRMSE 和 NSE。

3. 结果与分析

实测和模拟土壤水力参数结果见表 4-8。

表 4-8　实测和模拟土壤水力参数

土样	斥水级别	θ_r/(cm³/cm³)	θ_s/(cm³/cm³)	α /cm⁻¹	K_s/(cm/min)	n
壤土	亲水	0.03	0.45	0.0060	0.3600	1.3
	轻微斥水	0.03	0.43	0.0050	0.0050	1.7
	强度斥水	0.03	0.42	0.0006	0.0005	1.8
	严重斥水	0.03	0.42	0.0003	0.0002	2.0
砂土	亲水	0.01	0.33	0.0400	12.000	1.8
	轻微斥水	0.01	0.30	0.0500	10.000	1.7
	强度斥水	0.01	0.30	0.0200	8.000	1.9
	严重斥水	0.01	0.28	0.0100	7.500	2.0
盐碱土	亲水	0.07	0.48	0.0100	0.500	1.4
	轻微斥水	0.03	0.40	0.0008	0.003	1.8
	强度斥水	0.03	0.40	0.0006	0.002	1.9
	严重斥水	0.03	0.40	0.0009	0.002	1.8

由表 4-8 可知，对于各个斥水级别的壤土，θ_r 均为 0.03cm³/cm³，θ_s 的变化范围为 0.42～0.45cm³/cm³，α 的变化范围为 0.0003～0.0060cm⁻¹，K_s 的变化范围为 0.0002～0.3600cm/min，n 的变化范围为 1.3～2.0；对于各个斥水级别的砂土，θ_r 均为 0.01cm³/cm³，θ_s 的变化范围为 0.28～0.33cm³/cm³，α 的变化范围为 0.0100～0.0500cm⁻¹，K_s 的变化范围为 7.500～12.000cm/min，n 的变化范围为 1.7～2.0；对于各个斥水级别的盐碱土，θ_r 除亲水为 0.07cm³/cm³，其他均为 0.03cm³/cm³，θ_s 的变化范围为 0.40～0.48cm³/cm³，α 的变化范围为 0.0006～0.0100cm⁻¹，K_s 的变化范围为 0.002～0.500cm/min，n 的变化范围为 1.4～1.9。

HYDRUS-1D 模拟壤土和实测 CE、i、θ_v 对比见图 4-10。

对于各个斥水级别的壤土，累积蒸发量、蒸发率和剖面含水量的模拟效果整体较好。亲水和严重斥水壤土的累积蒸发量实测值略大于模拟值。亲水、轻微斥

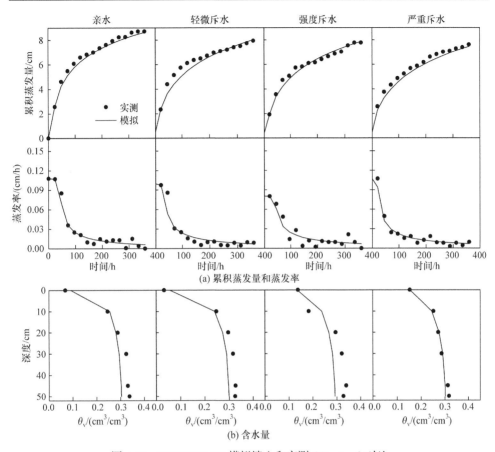

图 4-10　HYDRUS-1D 模拟埦土和实测 CE、i、θ_v 对比

水、强度斥水和严重斥水的累积蒸发量分别是 8.63cm、8.02cm、7.87cm 和 7.45cm。蒸发率在试验开始时较大，然后迅速减小，直至趋于一个稳定值。剖面含水量和累积蒸发量随着斥水性的增加逐渐减小，模拟的剖面含水量整体上随着深度的增加小于实测值。亲水、轻微斥水、强度斥水及严重斥水试验处理的含水量变化幅度逐渐减小，各个试验处理的模拟含水量变化范围分别为 0.07～0.30、0.06～0.30、0.13～0.29 和 0.15～0.31，表明蒸发量呈现减小的趋势。

　　HYDRUS-1D 验证不同斥水级别埦土处理蒸发参数的模拟效果评价指标见表 4-9。亲水埦土蒸发试验的模拟结果表明，$R^2 \geqslant 0.982$，RRMSE $\leqslant 20.4\%$，NSE $\geqslant$ 0.806；对于轻微斥水埦土蒸发试验的模拟结果，$R^2 \geqslant 0.982$，RRMSE $\geqslant 26.8\%$，NSE $\geqslant$ 0.604；对于强度斥水埦土蒸发试验的模拟结果，$R^2 \geqslant 0.920$，RRMSE $\leqslant 25.5\%$，NSE $\geqslant 0.408$；对于严重斥水埦土蒸发试验的模拟结果，$R^2 \geqslant 0.989$，RRMSE $\leqslant$ 25.4%，NSE $\geqslant 0.625$。对于各个试验蒸发率的模拟效果偏低。可以认为，

HYDRUS-1D 对于各个斥水级别壤土蒸发的模拟整体上较好，但对于蒸发过程细节的模拟稍差。

表 4-9　HYDRUS-1D 验证不同斥水级别壤土处理蒸发参数的模拟效果评价指标

斥水级别	蒸发参数	R^2	RRMSE/%	NSE
亲水	CE	0.997	1.9	0.999
	i	0.982	20.4	0.806
	θ_v	0.992	9.2	0.993
轻微斥水	CE	0.982	1.0	0.999
	i	0.991	26.8	0.604
	θ_v	0.999	9.1	0.993
强度斥水	CE	0.991	2.0	0.999
	i	0.944	25.5	0.408
	θ_v	0.920	14.3	0.981
严重斥水	CE	0.999	2.4	0.999
	i	0.989	25.4	0.652
	θ_v	0.991	3.3	0.999

HYDRUS-1D 模拟砂土和实测 CE、i、θ_v 对比见图 4-11，HYDRUS-1D 验证不同斥水级别砂土处理蒸发参数的模拟效果评价指标见表 4-10。

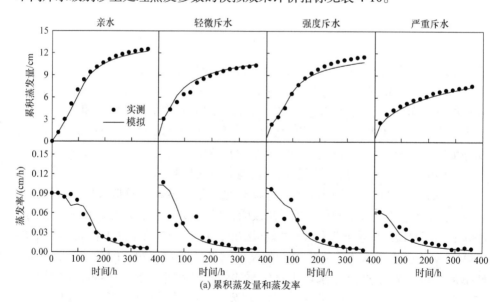

(a) 累积蒸发量和蒸发率

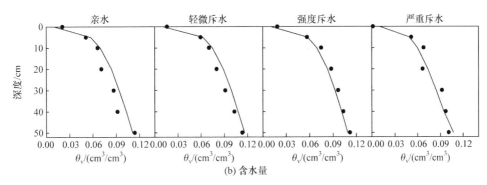

图 4-11　HYDRUS-1D 模拟砂土和实测 CE、i、θ_v 对比

表 4-10　HYDRUS-1D 验证不同斥水级别砂土处理蒸发参数的模拟效果评价指标

斥水级别	蒸发参数	R^2	RRMSE/%	NSE
亲水	CE	0.998	2.2	0.999
	i	0.964	17.7	0.852
	θ_v	0.975	10.6	0.990
轻微斥水	CE	0.986	1.2	0.999
	i	0.924	15.8	0.889
	θ_v	0.996	7.1	0.973
强度斥水	CE	0.996	5.3	0.993
	i	0.977	15.6	0.890
	θ_v	0.997	4.5	0.981
严重斥水	CE	0.975	1.3	0.999
	i	0.958	14.4	0.904
	θ_v	0.980	8.2	0.967

模拟的整体效果较好。对于亲水性砂土和严重斥水性砂土，累积蒸发量的实测值稍大于模拟值；对于轻微斥水性砂土，累积蒸发量的实测值小于模拟值；对于强度斥水性砂土，累积入渗量实测值在蒸发前期小于模拟值，在蒸发后期略大于模拟值。轻微斥水和强度斥水的蒸发率的模拟较亲水和严重斥水的差。亲水和轻微斥水性砂土的剖面含水量的实测值略小于模拟值，强度斥水的砂土的剖面含水量的实测值略大于模拟值。各个处理剖面含水量的变化范围比壤土大。

对于亲水砂土蒸发试验的模拟，$R^2 \geqslant 0.964$，RRMSE $\leqslant 17.7\%$，NSE $\geqslant 0.852$；对于轻微斥水性砂土蒸发试验的模拟，$R^2 \geqslant 0.924$，RRMSE $\leqslant 15.8\%$，NSE $\geqslant 0.889$；对于强度斥水性砂土蒸发试验的模拟，$R^2 \geqslant 0.977$，RRMSE $\leqslant 15.6\%$，NSE $\geqslant 0.890$；对于严重斥水壤土蒸发试验的模拟，$R^2 \geqslant 0.958$，RRMSE $\leqslant 14.4\%$，NSE $\geqslant 0.904$。

和壤土的模拟结果类似，各个处理的蒸发率模拟效果较差。

HYDRUS-1D 模拟盐碱土和实测 CE、i、θ_v 对比见图 4-12。

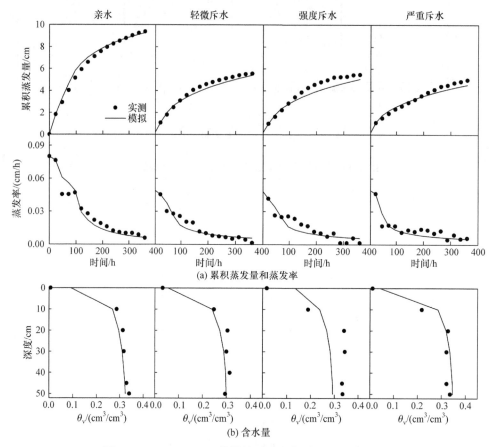

(a) 累积蒸发量和蒸发率

(b) 含水量

图 4-12　HYDRUS-1D 模拟盐碱土和实测 CE、i、θ_v 对比

从图中明显看出，亲水性盐碱土的累积蒸发量高于斥水性盐碱土，斥水性盐碱土试验处理的实测累积蒸发量在蒸发后期大于模拟值。亲水盐碱土的蒸发率大于斥水性盐碱土。对于蒸发试验结束时剖面含水量，亲水和轻微斥水试验处理的实测值大于模拟值，强度斥水处理的实测值偏离模拟值较大，严重斥水处理的实测值小于模拟值。

HYDRUS-1D 验证不同斥水级别盐碱土处理蒸发参数的模拟效果评价见表 4-11。

表 4-11 HYDRUS-1D 验证不同斥水级别盐碱土处理蒸发参数的模拟效果评价

斥水级别	蒸发参数	R^2	RRMSE/%	NSE
亲水	CE	0.995	0.8	0.999
	i	0.975	20.0	0.747
	θ_v	0.995	14.0	0.984
轻微斥水	CE	0.995	4.4	0.995
	I	0.942	28.6	0.545
	θ_v	0.994	6.9	0.996
强度斥水	CE	0.991	9.5	0.977
	i	0.889	28.1	0.629
	θ_v	0.956	15.0	0.981
严重斥水	CE	0.992	7.6	0.986
	i	0.923	28.0	0.162
	θ_v	0.923	13.0	0.986

对于亲水盐碱土蒸发试验的模拟结果，$R^2 \geqslant 0.975$，RRMSE $\leqslant 20.0\%$，NSE $\geqslant$ 0.747；对于轻微斥水盐碱土蒸发试验的模拟结果，$R^2 \geqslant 0.942$，RRMSE $\leqslant 28.6\%$，NSE $\geqslant 0.545$；对于强度斥水性砂土蒸发试验的模拟结果，$R^2 \geqslant 0.889$，RRMSE $\leqslant 28.1\%$，NSE $\geqslant 0.629$；对于严重斥水壤土蒸发试验的模拟结果，$R^2 \geqslant 0.923$，RRMSE $\leqslant 28.0\%$，NSE $\geqslant 0.162$。模拟评价指标的低值均出现在蒸发率的模拟中，与壤土、砂土的模拟规律一致，累积蒸发量和剖面含水量的模拟效果较好，但是蒸发率的模拟效果较差。

4.2 层状斥水性土壤水分运移模拟

4.2.1 积水入渗试验及模拟理论

试验所用的土样为壤土和砂土，由亲水性土壤配制斥水性土壤的过程见 Li 等(2018)。土壤斥水性分级采用 WDPT 分级，壤土分为亲水、轻微斥水、强度斥水和严重斥水四个斥水等级，与砂土进行层状土入渗试验，积水入渗试验图见图 4-13。

夹层方式分为壤土夹砂土及砂土夹壤土两种，夹层厚度即 L_2 为 5cm。亲水性层状土的夹层高度 L_1 为 5cm、10cm 和 20cm，斥水性层状土的夹层高度 L_3 为 5cm。试验采用马氏瓶进行供水，积水高度控制为 2cm，马氏瓶水量的减少量除以土柱的截面积得入渗试验的累积入渗量(CI)，观测并记录湿润锋(Z_f)，湿润锋即将到达土柱底部时，试验停止。为减少土壤水分再分布的影响，迅速将土柱拆开，然后

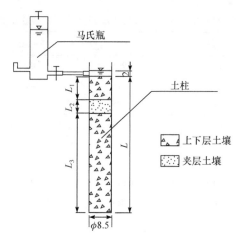

图 4-13　积水入渗试验图(单位：cm)

每隔 5cm 进行取土，取得土样放入烘箱内，在 105℃条件下烘 24h，得到土壤质量含水量，其乘以容重得到土壤体积含水量(θ_v)。

以往的研究表明，层状土壤水分运移过程可由 Richards 方程描述(Wang et al., 2018; Ganz et al., 2013; Deurer et al., 2007; Kramers et al., 2005; Nieber et al., 2000; Nguyen et al., 1999)，通过 Richards 方程对层状土壤水分运移过程进行模拟，实测值和模拟值的一致性较高。建模以前，对层状土壤入渗模拟作以下基本假定：忽略由空气流动引起的潜在黏性阻力影响；只考虑单向的水流运动；忽略滞后作用；不考虑优先流的影响。

模拟的初始条件设为风干含水量，上、下边界均设为定水头，积水高度为 2cm，一维层状土壤垂直入渗水分运移模拟的控制方程可写为

$$\begin{cases} \dfrac{\partial \theta_v}{\partial t} = \dfrac{\partial}{\partial z}\left[K(h)\left(\dfrac{\partial h}{\partial z} - 1 \right) \right] - S \\ h(z,0) = h_0(z) \\ h(0,t) = 2(\text{cm}) \\ h(L,t) = -10000(\text{cm}) \end{cases} \tag{4-9}$$

土壤风干含水量和饱和含水量采用烘干法进行测定；土壤饱和导水率(K_s)采用定水头法进行测定；土壤水分特性曲线由离心机法测定，试验土壤水分特性曲线见图 4-14；土壤水力参数方程采用 van Genuchten(1980)公式，具体见式(4-2)和式(4-3)。

4.2.2　土壤水力参数确定及模拟效果评价

1. 参数确定

不同斥水级别壤土和砂土的土壤水力参数 α 和 n 的初始值由 RETC 软件拟合

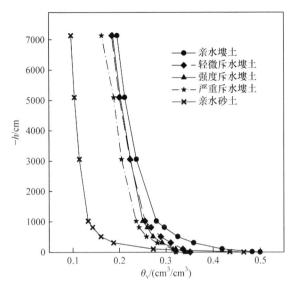

图 4-14　试验土壤水分特性曲线

土壤水分特征曲线得到。选用壤土夹砂土的夹层位置为 5cm 的试验处理进行参数的率定，即通过计算实测和模拟的累积入渗量、湿润锋和剖面含水量的 R^2、RRMSE、NSE，对 α 和 n 进行调整，直至模拟效果较好。再应用其余的试验处理对土壤水力参数 α 和 n 进行验证。

　　率定参数和验证参数的试验处理见表 4-12。由表 4-12 可知，试验所用的壤土通过添加不同剂量的十八烷基伯胺配制成亲水、轻微斥水、强度斥水和严重斥水的土壤，砂土全部为亲水。土柱装土高度为 50cm。亲水层状土壤试验处理的夹层高度为 5cm、10cm 和 20cm，斥水性的层状土壤试验处理的夹层高度均为 5cm。两种夹层方式下的试验处理共 12 个，壤土夹砂土的处理(除亲水性壤土夹砂土的夹层高度为 10cm 和 20cm 的处理外)多用于参数的率定，砂土夹壤土的试验处理均用于参数的验证。

表 4-12　率定参数和验证参数的试验处理

试验	处理	上层				夹层				下层	过程
		土壤	斥水级别	QOC/(g/kg)	L_1/cm	土壤	斥水级别	QOC/(g/kg)	L_2/cm	L_3/cm	
壤土夹砂土	I	壤土	亲水	0	5	砂土	亲水	0	5	40	率定
	II	壤土	亲水	0	10	砂土	亲水	0	5	35	验证
	III	壤土	亲水	0	20	砂土	亲水	0	5	25	验证
	IV	壤土	轻微斥水	0.67	5	砂土	亲水	0	5	40	率定

试验	处理	上层				夹层				下层	过程
		土壤	斥水级别	QOC/(g/kg)	L_1/cm	土壤	斥水级别	QOC/(g/kg)	L_2/cm	L_3/cm	
壤土夹砂土	V	壤土	强度斥水	1.00	5	砂土	亲水	0	5	40	率定
	VI	壤土	严重斥水	1.50	5	砂土	亲水	0	5	40	率定
砂土夹壤土	VII	砂土	亲水	0	5	壤土	亲水	0	5	40	验证
	VIII	砂土	亲水	0	10	壤土	亲水	0	5	35	验证
	IX	砂土	亲水	0	20	壤土	亲水	0	5	25	验证
	X	砂土	亲水	0	5	壤土	轻微斥水	0.67	5	40	验证
	XI	砂土	亲水	0	5	壤土	强度斥水	1.00	5	40	验证
	XII	砂土	亲水	0	5	壤土	严重斥水	1.50	5	40	验证

注：QOC 表示斥水剂添加量。

经过率定和验证的土壤水力参数,应用于 HYDRUS-1D 模拟的效果整体较好,可进一步用于试验的预测模拟。本小节对壤土夹砂土和砂土夹壤土情况下,斥水性土壤处理中夹层位置为 10cm 和 20cm 的试验进行预测。模拟的不同夹层位置和斥水级别的积水入渗试验处理见表 4-13。试验处理结合预测模拟可以更好地揭示斥水性层状土壤水分入渗规律。

表 4-13　模拟的不同夹层位置和斥水级别的积水入渗试验处理

试验	处理	上层				夹层				下层
		土样	斥水级别	QOC/(g/kg)	L_1/cm	土样	斥水级别	QOC/(g/kg)	L_2/cm	L_3/cm
壤土夹砂土	SLS1	壤土	轻微斥水	0.67	10	砂土	亲水	0	5	35
	SLS2	壤土	轻微斥水	0.67	20	砂土	亲水	0	5	25
	SLS3	壤土	强度斥水	1.00	10	砂土	亲水	0	5	35
	SLS4	壤土	强度斥水	1.00	20	砂土	亲水	0	5	25
	SLS5	壤土	严重斥水	1.50	10	砂土	亲水	0	5	35
	SLS6	壤土	严重斥水	1.50	20	砂土	亲水	0	5	25

续表

| 试验 | 处理 | 上层 | | | | 夹层 | | | | 下层 |
		土样	斥水级别	QOC/(g/kg)	L_1/cm	土样	斥水级别	QOC/(g/kg)	L_2/cm	L_3/cm
砂土夹壤土	SSL1	砂土	亲水	0	10	壤土	轻微斥水	0.67	5	35
	SSL2	砂土	亲水	0	20	壤土	轻微斥水	0.67	5	25
	SSL3	砂土	亲水	0	10	壤土	强度斥水	1.00	5	35
	SSL4	砂土	亲水	0	20	壤土	强度斥水	1.00	5	25
	SSL5	砂土	亲水	0	10	壤土	严重斥水	1.50	5	35
	SSL6	砂土	亲水	0	20	壤土	严重斥水	1.50	5	25

2. 率定参数模拟效果评价

实测和拟合土壤水力参数见表 4-14。

表 4-14　实测和拟合土壤水力参数

| 土壤 | 斥水级别 | 实测 | | | RETC 拟合 | | 最终结果 | |
		θ_r/(cm³/cm³)	θ_s/(cm³/cm³)	K_s/(cm/min)	α/cm^{-1}	n	α/cm^{-1}	n
壤土	亲水	0.03	0.45	8×10^{-3}	3.0×10^{-3}	1.30	6×10^{-3}	1.35
	轻微斥水	0.03	0.43	5×10^{-5}	3.0×10^{-4}	1.45	5×10^{-4}	1.70
	强度斥水	0.03	0.42	1×10^{-5}	2.8×10^{-5}	1.55	5×10^{-5}	1.80
	严重斥水	0.03	0.42	5×10^{-7}	2.0×10^{-5}	1.74	3×10^{-5}	2.00
砂土	亲水	0.01	0.30	2×10^{-1}	1.2×10^{-1}	1.35	8×10^{-2}	1.65

由表 4-14 可知，对于壤土，θ_r 在各斥水级别的壤土中均为 0.03cm³/cm³，但是 θ_s、K_s 和 α 随着斥水性的增加而降低，n 随着斥水性的增加增大，α 是土壤水分特性曲线进气值的倒数，n 是与土壤粒径分配有关的参数，可以认为斥水性的增加原理为土壤颗粒变细使 θ_s 和 K_s 降低。

图 4-15 展示了 HYDRUS-1D 率定参数过程实测和模拟 CI、Z_f、θ_v 的对比。

可见，用于率定参数的处理 I、IV、V 和VI，实测值和模拟值非常接近。从入渗时间和累积入渗量及湿润锋看，水分入渗的速率由亲水到严重斥水呈现急速下降的趋势。亲水性土壤试验处理中，入渗时间为 570min，湿润锋约等于轻微斥水试验处理在 240.5h 达到的湿润锋距离。强度斥水试验处理在 2075h 的累积入渗

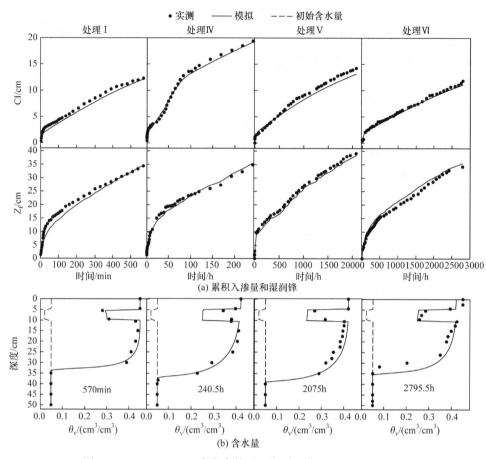

图 4-15 HYDRUS-1D 率定参数过程实测和模拟 CI、Z_f、θ_v 对比

量不及轻微斥水试验处理，且斥水性土壤试验处理中夹层的砂土在入渗过程中很难像亲水性土壤试验处理中达到饱和含水量。

  HYDRUS-1D 率定处理 I、IV、V 和 VI 参数的模拟效果评价指标列于表 4-15。试验处理 I、IV、V 和 VI 分别对应亲水壤土夹砂土 5cm、轻微斥水壤土夹砂土 5cm、强度斥水壤土夹砂土 5cm 和严重斥水壤土夹砂土 5cm 的试验处理。每个处理对实测和模拟的累积入渗量、湿润锋和试验结束时刻的剖面含水量进行对比。对于试验 I，$R^2 \geq 0.991$，RRMSE $\leq 10\%$，NSE ≥ 0.960；对于试验 IV，$R^2 \geq 0.968$，RRMSE $\leq 6.0\%$，NSE ≥ 0.984；对于试验 V，$R^2 \geq 0.912$，RRMSE $\leq 6.9\%$，NSE ≥ 0.935；对于试验 VI，$R^2 \geq 0.951$，RRMSE $\leq 7.3\%$，NSE ≥ 0.957。根据模拟效果评价指标的大小可以看出，率定参数的过程，HYDRUS-1D 对层状土壤累积入渗量、湿润锋和剖面含水量的模拟精度较高。

表 4-15　HYDRUS-1D 率定处理 Ⅰ、Ⅳ、Ⅴ 和 Ⅵ 参数的模拟效果评价指标

处理	入渗参数	R^2	RRMSE/%	NSE
Ⅰ	CI	0.996	10	0.969
	Z_f	0.991	9.7	0.960
	θ_v	0.999	4.5	0.990
Ⅳ	CI	0.999	5.7	0.984
	Z_f	0.997	6.0	0.992
	θ_v	0.968	6.0	0.990
Ⅴ	CI	0.999	4.2	0.993
	Z_f	0.996	4.8	0.935
	θ_v	0.912	6.9	0.992
Ⅵ	CI	0.998	4.5	0.991
	Z_f	0.999	7.3	0.993
	θ_v	0.951	3.2	0.957

3. 验证参数模拟效果评价

土壤水力参数经过率定后，选择亲水壤土夹砂土的夹层深度 10cm(处理Ⅱ)和 20cm(处理Ⅲ)，砂土夹亲水壤土的夹层深度 5cm(处理Ⅶ)、10cm(处理Ⅷ)和 20cm(处理Ⅸ)，砂土夹轻微斥水壤土(处理Ⅹ)，砂土夹强度斥水壤土(处理Ⅺ)和砂土夹严重斥水壤土(处理Ⅻ)进行土壤水力参数验证，部分处理 HYDRUS-1D 验证参数过程实测和模拟 CI、Z_f、θ_v 对比见图 4-16。

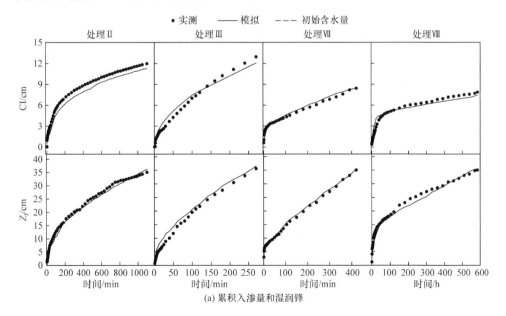

(a) 累积入渗量和湿润锋

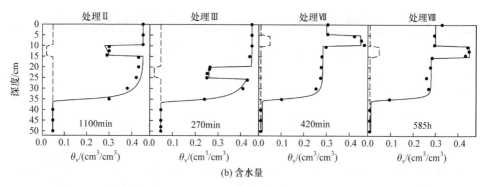

(b) 含水量

图 4-16　部分处理 HYDRUS-1D 验证参数过程实测和模拟 CI、Z_f、θ_v 对比

由实测和模拟值的对比关系可以看出，验证过程的模拟效果整体较好。处理 Ⅱ 的累积入渗量模拟值小于实测值。处理 Ⅶ 的累积入渗量模拟值整体大于实测值。处理 Ⅻ 的累积入渗量的模拟效果最佳。对比处理 Ⅱ 和 Ⅷ，可以看出夹层高度为 10cm 时，层状土壤中水分入渗的速率最慢，夹层的各个斥水级别的壤土可以达到饱和含水量。

不同处理下 HYDRUS-1D 验证参数的模拟效果评价指标见表 4-16。

表 4-16　不同处理下 HYDRUS-1D 验证参数的模拟效果评价指标

处理	入渗参数	R^2	RRMSE/%	NSE
Ⅱ	CI	0.998	4.7	0.940
	Z_f	0.993	3.6	0.970
	θ_v	0.956	8.9	0.974
Ⅲ	CI	0.996	9.7	0.966
	Z_f	0.999	5.8	0.963
	θ_v	0.989	3.4	0.954
Ⅶ	CI	0.994	11.5	0.983
	Z_f	0.998	4.7	0.995
	θ_v	0.976	8.9	0.947
Ⅷ	CI	0.988	13.1	0.932
	Z_f	0.996	8.5	0.967
	θ_v	0.982	4.5	0.940
Ⅸ	CI	0.957	8.3	0.920
	Z_f	0.984	13.6	0.921
	θ_v	0.982	6.8	0.944
Ⅹ	CI	0.992	5.7	0.995
	Z_f	0.998	6.5	0.991
	θ_v	0.992	7.9	0.977

续表

处理	入渗参数	R^2	RRMSE/%	NSE
XI	CI	0.997	10.3	0.992
	Z_f	0.999	7.8	0.991
	θ_v	0.985	9.9	0.954
XII	CI	0.999	2.5	0.965
	Z_f	0.999	2.8	0.997
	θ_v	0.983	8.5	0.962

对于试验处理 II，$R^2 \geqslant 0.956$，RRMSE $\leqslant 8.9\%$，NSE $\geqslant 0.940$；对于试验处理 III，$R^2 \geqslant 0.989$，RRMSE $\leqslant 9.7\%$，NSE $\geqslant 0.954$；对于试验处理 VII，$R^2 \geqslant 0.976$，RRMSE $\leqslant 11.5\%$，NSE $\geqslant 0.947$；对于试验处理 VIII，$R^2 \geqslant 0.982$，RRMSE $\leqslant 13.1\%$，NSE $\geqslant 0.932$；对于试验处理 IX，$R^2 \geqslant 0.957$，RRMSE $\leqslant 13.6\%$，NSE $\geqslant 0.920$；对于试验处理 X，$R^2 \geqslant 0.992$，RRMSE $\leqslant 7.9\%$，NSE $\geqslant 0.977$；对于试验处理 XI，$R^2 \geqslant 0.985$，RRMSE $\leqslant 10.3\%$，NSE $\geqslant 0.954$；对于试验处理 XII，$R^2 \geqslant 0.983$，RRMSE $\leqslant 8.5\%$，NSE $\geqslant 0.962$；率定参数的模拟效果整体较好。

4.2.3　入渗过程的预测

HYDRUS-1D 预测模拟 CI 和 Z_f 见图 4-17。

对于壤土夹砂土处理：斥水级别为轻微斥水，夹层位置为 10cm(SLS1)，入渗时间为 280h 时，CI 和 Z_f 分别为 10.14cm 和 35.5cm；夹层位置为 20cm(SLS2)，入渗时间为 200h 时，CI 和 Z_f 分别为 9.98cm 和 34.2cm。斥水级别为强度斥水，夹层位置为 10cm(SLS3)，入渗时间为 2100h 时，CI 和 Z_f 分别为 11.97cm 和 37.5cm；夹层位置为 20cm(SLS4)，入渗时间为 1800h 时，CI 和 Z_f 分别为 11.38cm 和 35.5cm。斥水级别为严重斥水，夹层位置为 10cm(SLS5)，入渗时间为 2800h 时，CI 和 Z_f 分别为 9.94cm 和 33cm；夹层位置为 20cm(SLS6)，入渗时间为 2500h 时，CI 和 Z_f 分别为 10.12cm 和 32.8cm。

对于砂土夹壤土处理：斥水级别为轻微斥水，夹层位置为 10cm(SSL1)，入渗时间为 300h 时，CI 和 Z_f 分别为 7.64cm 和 45cm；夹层位置为 20cm(SSL2)，入渗时间为 180h 时，CI 和 Z_f 分别为 9.35cm 和 43cm。斥水级别为强度斥水，夹层位置为 10cm(SSL3)，入渗时间为 450h 时，CI 和 Z_f 分别为 6.41cm 和 43.5cm；夹层位置为 20cm(SSL4)，入渗时间为 400h 时，CI 和 Z_f 分别为 7.64cm 和 37.5cm。斥水级别为严重斥水，夹层位置为 10cm(SSL5)，入渗时间为 1000h 时，CI 和 Z_f 分别为 4.45cm 和 32.5cm；夹层位置为 20cm(SSL6)，入渗时间为 1000h 时，CI 和 Z_f 分别为 7.12cm 和 35.5cm。无论是壤土夹砂土还是砂土夹壤土处理，对于同一种夹层位置高度,随着斥水性的增加,达到相同的累积入渗量所用的时间越来越长。

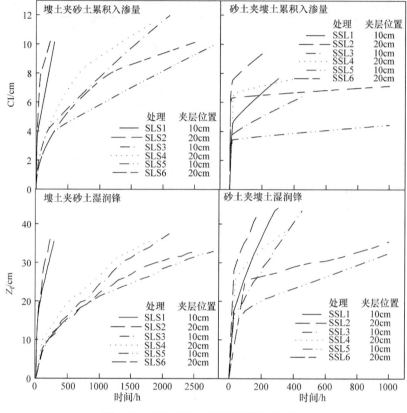

图 4-17 HYDRUS-1D 预测模拟 CI 和 Z_f

在图 4-17 中,壤土夹砂土夹层位置为 10cm 处理,轻微斥水、强度斥水和严重斥水处理 CI 达到 5cm 所用的时间分别是 64h、367h 和 567h;在砂土夹壤土的处理中,当水分到达夹层位置时,CI 曲线出现一个明显的拐点,水分入渗率随之急速下降。夹层位置为 10cm 处理时轻微斥水、强度斥水和严重斥水处理 CI 达到 4cm 所用的时间分别是 14h、43h 和 500h。对于给定的斥水级别,达到同样的累积入渗量,夹层位置为 10cm 的试验处理比夹层位置为 20cm 的试验处理花费更长的时间。例如,对于轻微斥水壤土夹层的试验处理 SLS1 和 SLS2,累积入渗量达到 5cm 的时间分别是 64h 和 25h;同样对于处理 SSL1 和 SSL2,累积入渗量达到 5cm 的时间分别是 50h 和 4.5h。图 4-17 展示了不同处理 CI 和 Z_f 的变化过程,通过对比 CI 和 Z_f 曲线,在砂土夹壤土试验处理中,土壤斥水性对土壤水分入渗过程的影响大于夹层位置的影响。

通过对比各种试验(图 4-15)和预测(图 4-17)处理结果,可以看出在壤土夹砂土试验处理中,无论壤土斥水级别如何,与夹层位置 5cm 和 20cm 相比,达到相同 CI 和 Z_f，10cm 的夹层位置所需的时间更长。对于砂土夹壈土试验处理，当壈土为亲水时，夹层位置为 10cm 时，入渗最慢；对于斥水性土壤处理，夹层位置在 5cm 时，达到相同 CI 和 Z_f 的时间最长。

　　通过试验的方式获得入渗过程中不同时刻的剖面含水量难度较大，在土壤水力参数经过率定和验证后，应用 HYDRUS-1D 对壈土夹砂土的夹层位置为 5cm、10cm 和 20cm 及不同斥水级别入渗过程的试验处理，即试验Ⅰ～Ⅵ、SLS1～SLS6 的剖面含水量进行模拟，HYDRUS-1D 模拟壈土夹砂土处理剖面含水量变化见图 4-18。

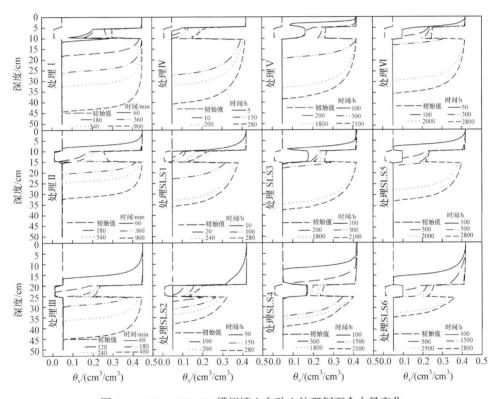

图 4-18　HYDRUS-1D 模拟壈土夹砂土处理剖面含水量变化

　　整体上，垂直剖面的 θ_v 随着斥水级别和夹砂层 L_2 的增加呈现增加的趋势。结合模拟的土壤水水势的结果，以 SLS3 处理为例，不同深度与指定深度水势的变化见图 4-19。其中图 4-19(a)是 SLS3 处理垂直剖面在不同入渗时刻的水势，图 4-19(b)是垂直剖面深度为 9.5cm 和 13.5cm 处不同入渗时刻的水势。

　　随着入渗时间的增长，垂直剖面的水势逐渐增加，越靠近上层的土壤水势增长的速度越快，水势也越大。可以归纳为当入渗开始时，上层的壈土由于较小的水势而持水，直至 θ_v 增加导致水势上升，夹砂层的 θ_v 急速下降，当砂层的水势

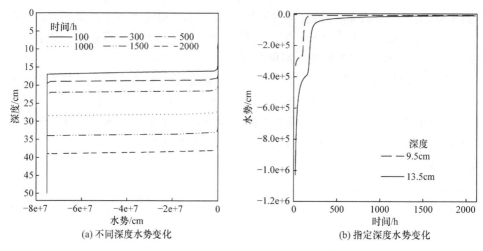

(a) 不同深度水势变化　　　　　　　　　　(b) 指定深度水势变化

图 4-19　不同深度与指定深度水势的变化

小于底部土壤时，水分被维持在夹砂层中。Li 等(2018)解释了夹层位置为 5cm 的不同斥水级别处理的此现象。相关研究同样表明，剖面含水量在上层壤土中达到饱和，但是在夹砂层却没有饱和(Wang et al.，2014；Rao et al.，2006；Hammecker et al.，2003)，主要是由于上层颗粒较细的土壤阻碍了水分进入土壤颗粒较大的土层(Cui et al.，2018)。此外，在亲水壤土夹砂土的三个试验处理中(Ⅰ、Ⅱ、Ⅲ)，夹层位置为 10cm 的处理Ⅱ中水分到达 32cm 所用的时间最长，然后是夹层位置为 5cm 和 20cm，对于处理Ⅳ、SLS1 和 SLS2 亦是如此。对于强度斥水处理(Ⅴ、SLS3、SLS4)和严重斥水处理(Ⅵ、SLS5、SLS6)，入渗时间足够长时，底部土壤的含水量分布变化不大，因此夹砂层的位置对水分入渗的影响小于斥水级别。当壤土的斥水级别从亲水到严重斥水变化时，上层和夹砂层的水分差异不大，但是下层土壤的水分呈现减小的趋势。

应用 HYDRUS-1D 模拟的砂土夹壤土，夹层位置为 5cm、10cm 和 20cm，HYDRUS-1D 模拟砂土夹壤土处理剖面含水量变化见图 4-20。

由图 4-20 可以看出，对于砂土夹壤土的不同夹层位置及不同斥水级别的所有处理，θ_v 随着深度的变化在上层和下层土壤中较小，在夹层土壤中较大，这与壤土夹砂土中由于夹砂层的阻水效应产生的现象相反。每一行的处理为同一斥水性不同夹层位置。通过横向对比可以看出，当壤土的斥水性保持不变，夹层位置从 5cm 到 10cm 再到 20cm，垂直剖面的 θ_v 分布变化不大。纵向对比，每一列为夹层位置保持不变，土壤斥水性不同。当夹层位置保持不变，夹层土壤斥水性从亲水到严重斥水，各个试验处理上层土壤的 θ_v 变化范围一致，大部分处理中接近饱和，这与 Mohammadzadeh-Habili 等(2015)应用 Green-Ampt 模拟层状土中上层细质土的结果一致。各个试验处理中的夹层砂土达到饱和含水量，下层斥水性壤土的 θ_v

随着斥水性的增加呈现显著下降的趋势。

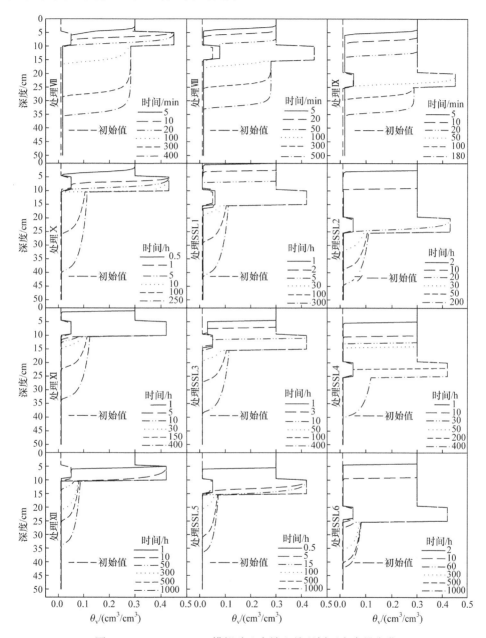

图 4-20　HYDRUS-1D 模拟砂土夹壤土处理剖面含水量变化

4.2.4　层状斥水性土壤蒸发模拟

亲水壤土夹砂土不同夹层位置 HYDRUS-1D 模拟和实测 CE、i、θ_v 对比见

图 4-21。

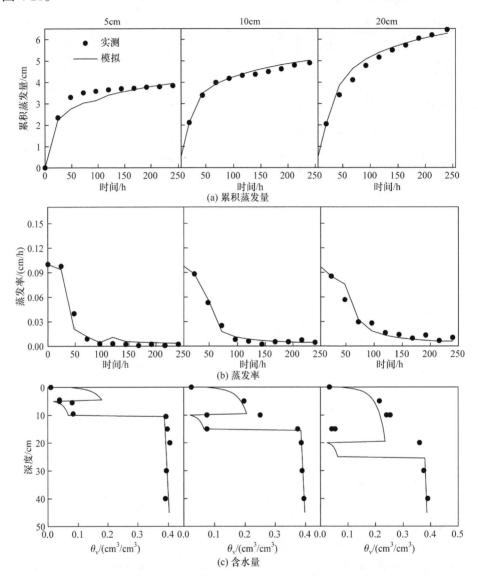

图 4-21　亲水壤土夹砂土不同夹层位置 HYDRUS-1D 模拟和实测 CE、i、θ_v 对比

由图 4-21 可以看出，HYDRUS-1D 模拟亲水壤土夹砂土的累积蒸发量、蒸发率和剖面含水量整体效果较好。对于亲水壤土夹砂土蒸发试验，随着夹层位置从5cm 增加到20cm，累积蒸发量呈现明显上升的趋势。蒸发率的模拟较均质壤土和砂土要好。5cm 和10cm 夹层位置的试验剖面含水量的实测值和模拟值相差较小，20cm 夹层位置的剖面含水量的模拟效果较差。

HYDRUS-1D 模拟斥水性壤土夹砂土和实测 CE、i、θ_v 对比见图 4-22。

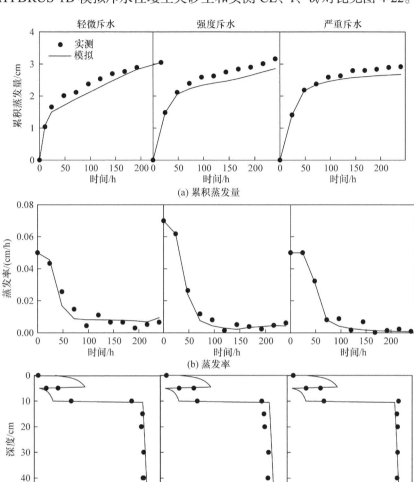

图 4-22　HYDRUS-1D 模拟斥水性壤土夹砂土和实测 CE、i、θ_v 对比

图 4-22 由左到右分别为轻微斥水、强度斥水和严重斥水壤土夹砂土夹层位置为 5cm 的蒸发试验模拟值和实测值对比。可见，与亲水性壤土夹砂土夹层位置为 5cm 的蒸发试验相比，累积蒸发量随着斥水性的增加而减小，且斥水性壤土夹砂土的累积入渗量实测值大于模拟值。在轻微斥水和强度斥水试验处理中，下层土壤剖面含水量的模拟值略大于实测值。蒸发率和剖面含水量的模拟整体较好。

HYDRUS-1D 模拟不同斥水级别壤土夹砂土处理蒸发参数的模拟效果评价指

标见表 4-17。

表 4-17 HYDRUS-1D 模拟不同斥水级别壤土夹砂土处理蒸发参数的模拟效果评价指标

试验	蒸发参数	R^2	RRMSE/%	NSE
亲水壤土夹砂土 5cm	CE	0.980	8.6	0.937
	i	0.985	28.1	0.968
	θ_v	0.986	10.7	0.972
亲水壤土夹砂土 10cm	CE	0.999	3.3	0.992
	i	0.996	11.9	0.994
	θ_v	0.981	11.1	0.958
亲水壤土夹砂土 20cm	CE	0.994	5.6	0.982
	i	0.982	21.1	0.976
	θ_v	0.988	8.6	0.977
轻微斥水壤土夹 砂土 5cm	CE	0.991	8.6	0.957
	i	0.967	24.8	0.968
	θ_v	0.987	10.6	0.968
强度斥水壤土夹 砂土 5cm	CE	0.998	9.3	0.936
	i	0.998	10.6	0.996
	θ_v	0.986	12.6	0.945
严重斥水壤土夹 砂土 5cm	CE	0.997	6.8	0.966
	i	0.995	14.5	0.992
	θ_v	0.999	7.2	0.983

由表 4-17 可知，对于亲水壤土夹砂土、夹层位置为 5cm 的试验处理，$R^2 \geqslant$ 0.980，RRMSE $\leqslant$ 28.1%，NSE $\geqslant$ 0.937；对于亲水壤土夹砂土、夹层位置为 10cm 的试验处理，$R^2 \geqslant 0.981$，RRMSE $\leqslant$ 11.9%，NSE $\geqslant 0.958$；对于亲水壤土夹砂土、夹层位置为 20cm 的试验处理，$R^2 \geqslant 0.982$，RRMSE $\leqslant$ 21.1%，NSE $\geqslant 0.976$；对于轻微壤土夹砂土、夹层位置为 5cm 的试验处理，$R^2 \geqslant 0.967$，RRMSE $\leqslant$ 24.8%，NSE $\geqslant 0.957$；对于强度斥水壤土夹砂土、夹层位置为 5cm 的试验处理，$R^2 \geqslant 0.986$，RRMSE $\leqslant$ 12.6%，NSE $\geqslant 0.936$；对于严重斥水壤土夹砂土、夹层位置为 5cm 的试验处理，$R^2 \geqslant 0.995$，RRMSE $\leqslant$ 14.5%，NSE $\geqslant 0.966$。

砂土夹亲水性壤土不同夹层位置 HYDRUS-1D 模拟和实测 CE、i、θ_v 对比见图 4-23。

由图 4-23 可以看出，砂土夹亲水性壤土的蒸发试验，随着夹层位置深度的增加，累积蒸发量显著增大，实测值略大于模拟值。夹层位置为 5cm 时夹层以下的剖面含水量模拟值小于实测值，夹层位置为 10cm 和 20cm 的剖面含水量模拟效果较好。与壤土夹砂土试验有所区别的是，夹层以下的剖面含水量在不同深度差异较大。

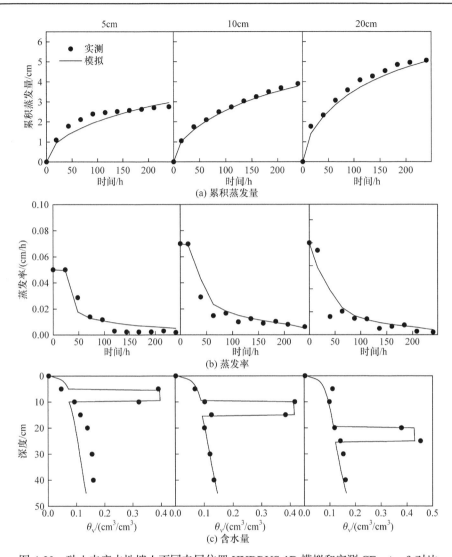

图 4-23　砂土夹亲水性壤土不同夹层位置 HYDRUS-1D 模拟和实测 CE、i、θ_v 对比

HYDRUS-1D 模拟砂土夹斥水性壤土和实测 CE、i、θ_v 对比见图 4-24。

图 4-24 模拟的结果较其他蒸发试验的模拟效果差。累积蒸发量随着夹层斥水性的增加无明显规律，轻微斥水和严重斥水的实测值大于模拟值。各个斥水级别的蒸发率实测值与模拟值有所偏离。砂土夹强度斥水壤土的剖面含水量的实测值整体小于模拟值，砂土夹轻微斥水和严重斥水壤土的剖面含水量实测值整体大于模拟值，各个试验处理夹层以下含水量变化较大。HYDRUS-1D 模拟砂土夹壤土不同处理蒸发参数的效果评价指标见表 4-18。

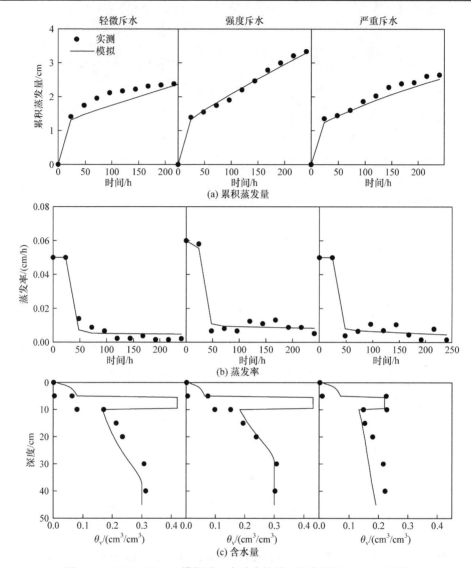

图 4-24　HYDRUS-1D 模拟砂土夹斥水性壤土和实测 CE、i、θ_v 对比

表 4-18　HYDRUS-1D 模拟砂土夹壤土不同处理蒸发参数的效果评价指标

试验	蒸发参数	R^2	RRMSE/%	NSE
亲水砂土夹亲水 壤土 5cm	CE	0.965	12.8	0.890
	i	0.970	31.0	0.929
	θ_v	0.966	21.1	0.901
亲水砂土夹亲水 壤土 10cm	CE	0.999	3.6	0.994
	i	0.980	22.7	0.946
	θ_v	0.994	8.9	0.986

试验	蒸发参数	R^2	RRMSE/%	NSE
亲水砂土夹亲水 壤土 20cm	CE	0.997	6.7	0.976
	i	0.950	39.1	0.891
	θ_v	0.988	11.8	0.969
亲水砂土夹轻微 斥水壤土 5cm	CE	0.981	12.0	0.883
	i	0.987	24.7	0.981
	θ_v	0.984	12.5	0.963
亲水砂土夹强度 斥水壤土 5cm	CE	0.997	3.8	0.992
	i	0.996	12.5	0.994
	θ_v	0.998	12.4	0.966
亲水砂土夹严重 斥水壤土 5cm	CE	0.997	7.7	0.961
	i	0.986	20.6	0.983
	θ_v	0.997	8.2	0.975

由表 4-18 可知,对于亲水砂土夹亲水壤土、夹层位置为 5cm 的试验处理,$R^2 \geqslant$ 0.965,RRMSE ≤ 31.0%,NSE ≥ 0.890;对于亲水砂土夹亲水壤土、夹层位置为 10cm 的试验处理,$R^2 \geqslant 0.980$,RRMSE ≤ 22.7%,NSE ≥ 0.946;对于亲水砂土夹亲水壤土、夹层位置为 20cm 的试验处理,$R^2 \geqslant 0.950$,RRMSE ≤ 39.1%,NSE ≥ 0.891;对于亲水砂土夹轻微斥水壤土、夹层位置为 5cm 的试验处理,$R^2 \geqslant 0.981$,RRMSE ≤ 24.7%,NSE ≥ 0.883;对于亲水砂土夹强度斥水壤土、夹层位置为 5cm 的试验处理,$R^2 \geqslant 0.996$,RRMSE ≤ 12.5%,NSE ≥ 0.966;对于亲水砂土夹严重斥水壤土、夹层位置为 5cm 的试验处理,$R^2 \geqslant 0.986$,RRMSE ≤ 20.6%,NSE ≥ 0.961。模拟的整体结果在可接受范围内,蒸发率的模拟 RRMSE 较大。

4.3　本 章 小 结

应用 HYDRUS-1D 模拟不同土壤亲水、轻微斥水和强度斥水的水平吸渗和垂直入渗的水分运移过程,经过率定和验证,模拟整体效果较好,肯定了 HYDRUS-1D 在斥水性土壤中水分运移模拟的适用性。

不同斥水级别层状土壤水分运移过程的模拟结果显示,斥水性夹层土壤阻水造成水分回填从而降低水分入渗率,很大程度影响水分运移过程,尤其是对壤土夹砂土处理。当夹层位置为 10cm 时,土壤斥水性对水分运移过程的影响最为显著。对于砂土夹亲水壤土处理,夹层位置为 10cm 对水分运移影响最大,对于砂土夹斥水(轻微斥水、强度斥水和严重斥水)壤土,夹层位置为 5cm 对水分运移影响最大。相比夹层位置，土壤斥水性对水分运移的影响更为明显，尤其是砂土夹塿土处理的试验处理，当夹层塿土的斥水性由亲水增加到严重斥水，各个处理上层和夹层的水分变化不大，但是下层土壤的含水量显著降低。HYDRUS-1D 为研究斥水性层状土壤水分运移过程提供了有力的帮助。

对于塿土和盐碱土，累积蒸发量随着斥水级别的增加呈现明显减小的规律。对于砂土则无明显规律，通过计算 R^2、RRMSE 和 NSE 发现对均质斥水性土壤蒸发率的模拟效果稍差。对于亲水性层状土蒸发试验，累积蒸发量随着夹层位置的增加呈现显著上升的趋势。不同斥水级别的塿土夹砂土蒸发试验的累积蒸发量随着斥水级别的增加呈现下降的趋势，蒸发率的模拟效果较好。对于砂土夹塿土的蒸发试验，亲水性试验中累积蒸发量随着夹层位置的增加而增加。

参 考 文 献

鲍士旦, 2000. 土壤农化分析[M]. 3 版. 北京: 中国农业出版社.

CUI G, ZHU J, 2018. Prediction of unsaturated flow and water backfill during infiltration in layered soils[J]. Journal of Hydrology, 557: 509-521.

DEURER M, BACHMANN J, 2007. Modeling water movement in heterogeneous water-repellent soil: 2. A conceptual numerical simulation[J]. Vadose Zone Journal, 6(3): 446-457.

GANZ C, BACHMANN J, LAMPARTER A, et al., 2013. Specific processes during in situ infiltration into a sandy soil with low-level water repellency[J]. Journal of Hydrology, 484: 45-54.

GEE G W, BAUDER J W, 1986. Particle-Size Analysis[M]// Methods of Soil Analysis: Part 1 Physical and Mineralogical Methods, 5.1, Second Edition. Wisconsin: American Society of Agronomy, Inc.

HAMMECKER C, ANTONINO A, MAEGHT J L, et al., 2003. Experimental and numerical study of water flow in soil under irrigation in northern Senegal: Evidence of air entrapment[J]. European Journal of Soil Science, 54(3): 491-503.

IQBAL S, GUBER A K, KHAN H Z, 2016. Estimating nitrogen leaching losses after compost application in furrow irrigated soils of Pakistan using HYDRUS-2D software[J]. Agricultural Water Management, 168: 85-95.

JAMIESON P, PORTER J, WILSON D, 1991. A test of the computer simulation model ARCWHEAT1 on wheat crops grown in New Zealand[J]. Field Crops Research, 27(4): 337-350.

JURY W A, GARDNER W R, GARDNER W H, 1991. Soil Physics [M]. 5th ed. New York: John Wiley & Sons.

KARUNARATHNA A K, MOLDRUP P, KAWAMOTO K, et al., 2010. Two-region model for soil water repellency as a function of matric potential and water content[J]. Vadose Zone Journal, 9(3): 719-730.

KRAMERS G, DAM J C V, RITSEMA C J, et al., 2005. A new modelling approach to simulate preferential flow and transport in water repellent porous media: Parameter sensitivity, and effects on crop growth and solute leaching[J]. Soil Research, 43(3): 371-382.

LI Y, REN X, HILL R, et al., 2018. Characteristics of water infiltration in layered water-repellent soils[J]. Pedosphere, 28(5):775-792.

LI Y, WANG X, CAO Z, et al., 2017. Water repellency as a function of soil water content or suction influenced by drying and wetting processes[J]. Canadian Journal of Soil Science, 97: 226-240.

LÜ H , YU Z, HORTON R, et al., 2011. Effect of gravel-sand mulch on soil water and temperature in the semiarid loess region of Northwest China[J]. Journal of Hydrologic Engineering, 18(11): 1484-1494.

MOHAMMADZADEH-HABILI J, HEIDARPOUR M, 2015. Application of the Green-Ampt model for infiltration into layered soils[J]. Journal of Hydrology, 527: 824-832.

NASH J E, SUTCLIFFE J V, 1970. River flow forecasting through conceptual models part Ⅰ — A discussion of principles[J]. Journal of Hydrology, 10(3): 282-290.

NGUYEN H V, NIEBER J L, RITSEMA C J, et al., 1999. Modeling gravity driven unstable flow in a water repellent soil[J]. Journal of Hydrology, 215(1-4): 202-214.

NIEBER J, BAUTERS T, STEENHUIS T, et al., 2000. Numerical simulation of experimental gravity-driven unstable flow in water repellent sand[J]. Journal of Hydrology, 231: 295-307.

RAO M D, RAGHUWANSHI N S, SINGH R, 2006. Development of a physically based 1D-infiltration model for irrigated soils[J]. Agricultural Water Management, 85(1-2): 165-174.

REGALADO C M, RITTER A, 2009. A soil water repellency empirical model[J]. Vadose Zone Journal, 8(8): 136-141.

RICHARDS L A, 1931. Capillary conduction of liquids through porous mediums[J]. Physics, 1(5): 318-333.

SONNEVELD M P W, BACKX M A H M, BOUMA J, 2003. Simulation of soil water regimes including pedotransfer functions and land-use related preferential flow[J]. Geoderma, 112(1-2): 97-110.

VAN GENUCHTEN M T, 1980. A closed-form equation for predicting the hydraulic conductivity of unsaturated soils[J]. Soil Science Society of America Journal, 44(5): 892-898.

WANG C, MAO X, HATANO R, 2014. Modeling ponded infiltration in fine textured soils with coarse interlayer[J]. Soil Science of America Journal, 78(3): 745-753.

WANG X, LI Y, SI B, et al., 2018. Simulation of water movement in layered water-repellent soils using HYDRUS-1D[J]. Soil Science Society of America Journal, 82(5):1101-1112.

YANG B, BLACKWEL P S, NICHOLSON D F, 1996. A numerical model of heat and water movement in furrow-sown water repellent sandy soils[J]. Water Resources Research, 32(10): 3051-3061.

YANG R, TONG J, HU B, et al., 2017. Simulating water and nitrogen loss from an irrigated paddy field under continuously flooded condition with Hydrus-1D model[J]. Environmental Science & Pollution Research, 24(17): 15089-15106.

第5章 土壤斥水性对植物生长发育的 影响及模拟

目前，国内外关于 SWR 对环境的影响及斥水性形成机理方面的研究较多，但对土壤斥水性影响作物生长，尤其是影响不同类型植物的种子发芽率方面的研究较少。种子萌发的历时和发芽率高低直接影响作物的后期生长过程和产量，因此进行斥水性土壤中植物发芽率的对比分析、探讨斥水性影响不同类型植物的种子发芽率差异，对于分析斥水性影响作物产量的成因是非常必要的。本章基于 SWR 对植物种子发芽率的影响试验结果，进一步研究了遮雨棚下夏玉米灌溉生长，并对试验及未来气候变化条件下的斥水性土壤中夏玉米生长过程根系吸水进行模拟，根据水量平衡法计算夏玉米生长过程的土壤蒸发量，以期揭示土壤斥水性造成夏玉米产量下降的原因。

5.1 SWR 对不同类型植物种子发芽率的影响

5.1.1 材料与方法

1. 试验土壤

试验所用的壤土土样取自陕西杨凌北部农田表层 0～30cm 深度，经过风干、粉碎研磨、去除杂物后过 2mm 筛。使用激光粒度仪分析试验土样的颗粒组成，其黏粒、粉粒和砂粒的粒度范围分别为<0.002mm、0.002～0.02mm 和 0.02～2mm，组成分别为 11.21%、29.28%和 59.51%，根据土壤质地分类国际制方法，土壤质地为砂壤土。

2. 不同等级斥水性土壤的划分与制备

制备斥水性土壤所用斥水剂为二甲基二氯硅烷($C_2H_6Cl_2Si$)，相对分子质量为129.06，为无色液体，纯度>98.5%。按 1kg 风干土、90mL 斥水剂的比例均匀混合制得(Bachmann et al.，2002)。配置斥水土时，先将自然风干、过 2mm 筛的壤土每 500g 一份平铺在防水雨布上，用玻璃棒划分区域，按 90mL/kg 的用量，使用胶头滴管将二甲基二氯硅烷均匀滴在每个区域内，然后用木棍将每份土壤掺混均匀、风干。等待土壤完全干燥后，按照土样的饱和导水率对土样进行饱和处理，再平摊晾干, 期间注意翻动土样防止土壤结块。采用 WDPT 法测得用斥水剂配置得到的土壤初始 WDPT 为 4081s, 田间土壤的初始 WDPT 约为 1s, 二者按一定比例混合后得到不同斥水程度的供试土样。

经预试验证明, 各植物种子在强度斥水、严重斥水、极端斥水土壤中不发芽或发芽数极少, 因此最终选择轻微斥水级别进行进一步试验分析。按极端斥水土样与过筛塿土比例为 1:20、1:14、1:10 和 1:7, 相应 WDPT 分别为 7s、9s、12s 和 16s, 以 WDPT 约为 1s 塿土为对照进行种子发芽率试验, 各处理重复 3 次。

选用蔬菜类、花草类、树木类和作物类 4 类植物, 每类均含 4 种植物, 共 16 种植物进行种子发芽率试验。其中, 蔬菜类选用原种四季香葱、上海青鸡毛菜、精选小叶茼蒿和空心菜;花草类选用三叶草、二月兰、硫华菊(学名为"黄秋英")和波斯菊;树木类选用油松(乔木)、火炬(乔木)、紫穗槐(灌木)和刺槐(乔木);作物类选用玉米、小麦、油菜和荞麦。将每种植物的 20 粒种子种在直径为 8cm 的花盆中, 每种作物在不同 WDPT 土壤中重复 3 次, 测定第 1~21 天的种子发芽数量。最终依发芽种子数量占总种植种子数量的百分比计算发芽率。

试验所得的数据均采用 Excel 2007 和 SPSS 22.0 软件进行处理。

5.1.2　结果与分析

1. 在不同 WDPT 土壤中 16 种植物的开始发芽时间

16 种植物在不同 WDPT 土壤中的开始发芽时间见表 5-1。

表 5-1　16 种植物在不同 WDPT 土壤中的开始发芽时间　　　　(单位: d)

植物类型	植物名	土壤 WDPT				
		1s	7s	9s	12s	16s
花草类	波斯菊	2	3	10	10	16
	硫华菊	3	4	10	9	16
	三叶草	6	15	>21	>21	17
	二月兰	10	8	8	>21	>21
作物类	油菜	3	3	3	3	3
	荞麦	4	4	6	6	9
	小麦	4	6	18	6	8
	玉米	8	10	7	12	8
蔬菜类	香葱	5	8	9	12	>21
	茼蒿	5	12	5	7	8

续表

植物类型	植物名	土壤 WDPT				
		1s	7s	9s	12s	16s
蔬菜类	鸡毛菜	6	6	7	>21	>21
	空心菜	6	7	7	12	>21
树木类	紫穗槐	4	13	20	11	19
	刺槐	7	6	6	8	16
	火炬	7	11	11	12	>21
	油松	7	>21	14	8	14

(1) 16 种植物在不同 WDPT 土壤中的发芽时间不同。其中 4 种花草类植物的开始发芽时间大多随土壤 WDPT 的增加而推迟。在 WDPT 为 1s，即亲水性土壤中，波斯菊和硫华菊的开始发芽时间较早，可能与试验时间为秋季，此时菊花类植物正值生长发育期等原因有关，三叶草紧随二者之后发芽，而二月兰在第 10 天才发芽，相对较晚。在斥水性土壤中，当土壤 WDPT 为 7s 时，三叶草发芽时间较晚，开始发芽的时间依波斯菊<硫华菊<二月兰<三叶草的顺序变化；当 WDPT 增加为 9s 时，三叶草在观测期间未发芽，波斯菊和硫华菊的发芽时间也随 WDPT 增加而推迟；当土壤 WDPT 增加为 12s 时，波斯菊和硫华菊分别在第 10、9 天发芽，二月兰和三叶草在试验期内未发芽；当土壤 WDPT 继续增加到 16s 时，二月兰在观测时期内未发芽，其他 3 种植物均在第 16 天以后发芽。

(2) 作物类植物中，油菜在不同 WDPT 土壤中的开始发芽时间均为第 3 天，基本不受土壤斥水性的影响，荞麦和玉米的开始发芽时间均随 WDPT 的增加而推迟，其中玉米的开始发芽时间大多晚于油菜、荞麦和小麦。在亲水性土壤中，玉米的开始发芽时间为第 8 天，其他 3 种植物均在第 4 天及之前开始发芽。当土壤初始 WDPT 为 7s 时，作物类植物的开始发芽时间依油菜<荞麦<小麦<玉米的顺序变化；当土壤 WDPT 变为 9s 时，小麦的开始发芽时间有所变化，在第 18 天才开始发芽，其他 3 种植物的开始发芽的顺序与 WDPT 为 7s 时相同；当土壤 WDPT 增至 12s 时，开始发芽的时间依油菜<荞麦=小麦<玉米的顺序变化；当土壤 WDPT 继续增加到 16s 时，开始发芽时间顺序变为油菜<小麦=玉米<荞麦。土壤 WDPT 对作物类植物开始发芽时间的影响呈现出不规律的现象，可能与试验样本数较少，植物种植面积小等原因有关。

(3) 蔬菜类植物中，香葱、鸡毛菜和空心菜的开始发芽时间均随土壤 WDPT 的增加而推迟，而茼蒿的开始发芽时间受土壤斥水性的影响不明显。在亲水性土壤中，4 种植物开始发芽时间都小于等于 6d；当土壤 WDPT 为 7s 时，开始发芽的时间依鸡毛菜<空心菜<香葱<茼蒿的顺序变化；当土壤 WDPT 为 9s 时，开始发

芽时间顺序变为茼蒿<鸡毛菜=空心菜<香葱；当土壤 WDPT 增加为 12s 时，鸡毛菜在试验期内未发芽，茼蒿第 7 天发芽，而香葱和空心菜第 12 天才发芽；当土壤 WDPT 继续增加到 16s 时，仅茼蒿在第 8 天发芽，其他 3 种植物在试验期内未发芽。

(4) 树木类植物中，火炬的开始发芽时间随土壤 WDPT 的增加而变长，刺槐、油松和紫穗槐的开始发芽时间受土壤斥水性的影响不明显。在亲水性土壤中，紫穗槐的开始发芽时间相对较早，其余 3 种均在第 7 天才发芽。当土壤 WDPT 为 7s 时，油松未发芽，刺槐的开始发芽时间比在亲水性土壤中提前了一天，火炬和紫穗槐均在第 11 天及之后才发芽；当土壤 WDPT 为 9s 时，开始发芽时间依刺槐<火炬<油松<紫穗槐的顺序变化；当土壤 WDPT 增加为 12s 时，四种植物均在第 8 天及以后开始发芽，依刺槐=油松<紫穗槐<火炬的顺序变化；当土壤 WDPT 继续增加到 16s 时，火炬未发芽，其余 3 种植物的开始发芽时间顺序变为油松<刺槐<紫穗槐。

(5) 总的来说，土壤斥水性对作物类植物的开始发芽时间的影响小于其他三种植物类型。波斯菊、荞麦、香葱、鸡毛菜、空心菜和火炬的开始发芽时间受土壤 WDPT 的影响较为明显，均随土壤 WDPT 的增加而推迟；油菜的开始发芽时间基本不受土壤 WDPT 的影响；其他植物的开始发芽时间受土壤 WDPT 影响不够明显。

2. 植物种子在亲水性土壤中的发芽率

为对比分析植物种子在亲水性和斥水性土壤中的发芽率，分析研究 16 种植物种子在亲水性土壤中的发芽率，如图 5-1 所示。

由图 5-1 可以看出各类型植物种子在亲水性土壤中的发芽率大小及其随时间变化的过程。16 种植物种子的发芽率均随播种时间而增加，其中树木类的植物种子的发芽率低于蔬菜类、花草类和作物类。蔬菜类植物种子中，空心菜、鸡毛菜、茼蒿和香葱的发芽率依次降低，其中茼蒿和香葱的发芽率均低于 20%；花草类植物种子中，发芽率顺序为波斯菊>硫华菊>二月兰>三叶草，其中三叶草的发芽率最小，低于 10%；树木类植物种子的发芽率均低于 40%，紫穗槐、刺槐、火炬和油松的发芽率依次降低，其中火炬和油松的发芽率较低，最高仅为 3.33%；作物类植物种子中，发芽率为油菜>荞麦>玉米>小麦，均高于 20%。

3. 同类植物在轻微斥水性土壤中的发芽率

不同类型的植物在轻微斥水性土壤中的发芽率随时间的变化过程有所区别。图 5-2 为花草类植物在轻微斥水性土壤中的发芽率。

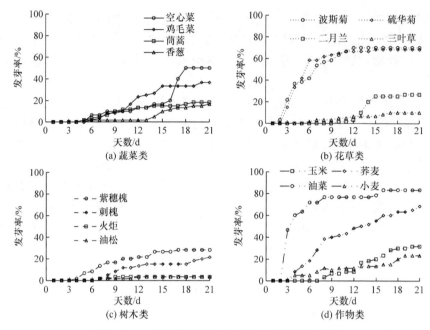

图 5-1   16 种植物种子在亲水性土壤中的发芽率

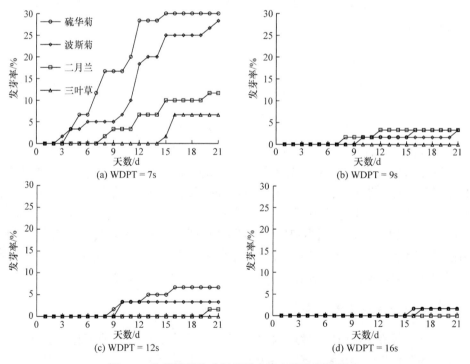

图 5-2   花草类植物在轻微斥水性土壤中的发芽率

图 5-2 中，花草类植物种子在轻微斥水性土壤中的发芽率均随播种时间而增加，均低于 30%。当 WDPT 为 7s 时，发芽率顺序为硫华菊>波斯菊>二月兰>三叶草；当 WDPT 增至 9s 时，4 种花草类植物种子的发芽率均低于 5%，其中三叶草未发芽；当 WDPT 增至 12s 时，三叶草未发芽，硫华菊的发芽率略高于波斯菊；当 WDPT 为 16s 时，二月兰未发芽，硫华菊、三叶草、波斯菊的发芽率均低于 2%。第 21 天时，在 WDPT 为 7s、9s、12s 和 16s 的土壤中的花草植物平均种子发芽率分别为 19.20%、2.50%、2.50%及 1.25%，发芽率随 WDPT 的增大而降低。

图 5-3 为作物类植物在轻微斥水性土壤中的发芽率。作物类植物种子在轻微斥水性土壤中的发芽率均随播种时间而增加，均低于 70%。当 WDPT 为 7s 时，4 种作物类植物的发芽率依次为油菜>荞麦>玉米>小麦；当 WDPT 增至 9s 时，发芽率顺序不变，其中小麦的发芽率低于 2%；当 WDPT 为 12s 时，油菜发芽率最高，玉米的发芽率为 6.67%，荞麦和小麦的发芽率均为 5%；当 WDPT 增至 16s 时，油菜的发芽率仍高于 50%，其余 3 种植物的发芽率均低于 5%。第 21 天时，4 类植物在 WDPT 为 7s、9s、12s 和 16s 的轻微斥水性土壤中种子发芽率分别为 35.4%、23.3%、16.7%及 15.8%，发芽率随 WDPT 的增加而降低。

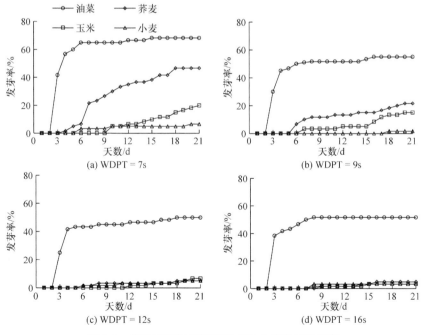

图 5-3　作物类植物在轻微斥水性土壤中的发芽率

图 5-4 为蔬菜类植物在轻微斥水性土壤中的发芽率。

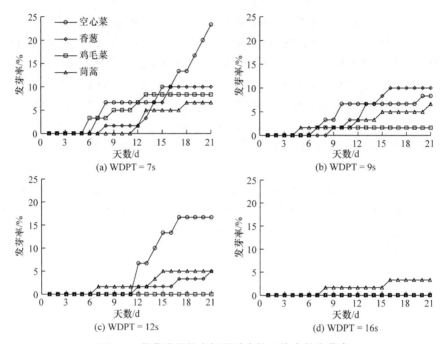

图 5-4　蔬菜类植物在轻微斥水性土壤中的发芽率

　　蔬菜类植物种子在轻微斥水性土壤中的发芽率均随播种时间而增加，均低于25%。当 WDPT 为 7s 时，4 种蔬菜类植物的发芽率最终依次为空心菜>香葱>鸡毛菜>茼蒿；当 WDPT 增至 9s 时，发芽率顺序为香葱>空心菜>茼蒿>鸡毛菜，其中鸡毛菜的发芽率低于 5%；当 WDPT 增至 12s 时，鸡毛菜未发芽，其余 3 种蔬菜类植物的发芽率依次为空心菜>茼蒿>香葱；当 WDPT 增至 16s 时，只有茼蒿在第7 天开始发芽，且发芽率始终低于 4%。在第 21 天时，4 种植物在 WDPT 为 7s、9s、12s 和 16s 的轻微斥水性土壤中的蔬菜类植物平均种子发芽率分别为 12.10%、6.67%、6.67%及 1.67%，发芽率随 WDPT 的增大而降低。

　　图 5-5 为树木类植物在轻微斥水性土壤中的发芽率。树木类植物种子在轻微斥水性土壤中的发芽率均随播种时间而增加，在 4 类植物种子中发芽率最低，均低于 10%。当 WDPT 为 7s 时，油松未发芽，其余 3 种树木的发芽率依次为刺槐>火炬>紫穗槐；当 WDPT 增至 9s 时，4 种树木类植物种子的发芽率顺序为刺槐>火炬>油松>紫穗槐；当 WDPT 增至 12s 时，火炬和刺槐的发芽率均低于 4%，紫穗槐和油松的发芽率低于 2%；当 WDPT 为 16s 时，油松的发芽率低于 4%，紫穗槐和刺槐的发芽率均低于 2%，火炬未发芽。在第 21 天时，4 类树木在 WDPT为 7s、9s、12s 和 16s 的轻微斥水性土壤中的平均种子发芽率分别为 3.33%、3.75%、2.50%及 1.67%。

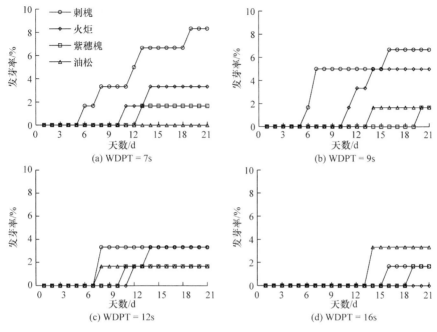

图 5-5　树木类植物在轻微斥水性土壤中的发芽率

4. 不同 WDPT 土壤对不同植物种子发芽率的影响

在第 20 天时，各试验花盆中植物种子的发芽率趋于稳定。为了对比分析同一 WDPT 土壤中不同植物的发芽率，绘制第 20 天不同植物在不同 WDPT 土壤中的发芽率结果见图 5-6。

图 5-6 表明：①在亲水性土壤中[图 5-6(a)]，各类型的植物的发芽率明显高于斥水性土壤，其中作物类植物的发芽率最高，蔬菜类、花草类、树木类和作物类的平均发芽率分别为 30.00%、43.75%、15.00% 和 50.83%；②由图 5-6(b) 可看出在 WDPT 为 7s 的轻微斥水性土壤中，仍是蔬菜类和树木类植物的发芽率较低，蔬菜类、花草类、树木类和作物类的平均发芽率分别为 11.30%、18.80%、3.33% 和

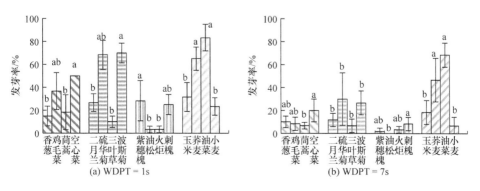

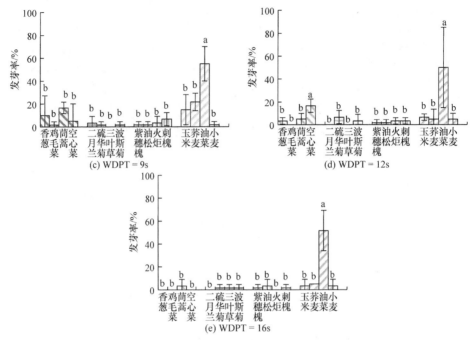

图 5-6　第 20 天不同植物在不同 WDPT 土壤中的发芽率

不同小写字母 a、b、c 和 d 表示 0.05 水平差异显著

35.00%；③在 WDPT 为 9s 的轻微斥水性土壤中，除了油菜外各植物的发芽率均低于 40%，蔬菜类、花草类、树木类和作物类的平均发芽率分别为 8.33%、1.67%、3.33%和 23.30%；④在 WDPT 为 12s 的轻微斥水性土壤中，只有油菜的发芽率高于 20%，蔬菜类、花草类、树木类和作物类的平均发芽率分别为 6.25%、2.50%、2.50%和 16.70%；⑤当土壤的 WDPT 为 16s 时，油菜的发芽率为 51.67%，其余各植物的发芽率均低于 5%，蔬菜类、花草类、树木类和作物类的平均发芽率分别为 0.83%、1.25%、1.67%和 15.8%。

在所选的 16 种植物中，除了油菜受土壤斥水性影响不大外，其他植物类型种子在斥水性土壤中的发芽率均低于亲水性土壤，且均随土壤 WDPT 的增加而降低，即土壤斥水性越强，植物种子的发芽率越低。

5.2　SWR 对土壤水分动态及夏玉米生长过程的影响

基于 SWR 对植物种子发芽率影响的试验结果，本节根据遮雨棚下进行的两年度夏玉米灌溉生长试验观测数据，研究了 SWR 对土壤水分动态过程(包括逐日蒸散量、累积蒸散量、夏玉米各生育期内的土壤剖面含水量和贮水量)的影响，并探讨了 SWR 对夏玉米生理生长指标、生育期、干物质量和产量等的影响。

5.2.1　材料与方法

1. 试验区概况与试验设备

为了研究土壤斥水性对夏玉米生长过程的影响，在陕西省杨凌区西北农林科技大学中国旱区节水农业研究院(108°24′E、34°20′N)进行了两年度的夏玉米生长试验。该试验区属于暖温带半湿润半干旱气候区，平均海拔为 52m，全年无霜期为 221d，日照时数为 2196h，年平均气温为 12.9℃，年平均降水量为 635.1～663.9mm，降水集中在 7～10 月，潜在蒸散量为 750mm。

试验系统由三面环绕(北侧打开)的透明移动式遮雨棚、18 个蒸渗仪观测系统、太阳能板、CR1000 数据采集器等组成。遮雨棚高 3m、宽 6m、长 7.1m，棚的南北侧均为试验田。遮雨棚实拍图及蒸渗仪结构图如图 5-7 所示(赵丹，2016)。

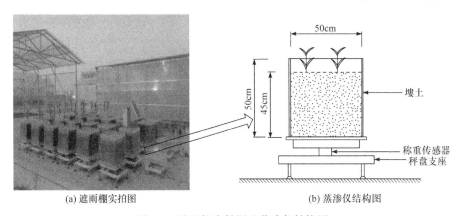

(a) 遮雨棚实拍图　　　　　　　　　　(b) 蒸渗仪结构图

图 5-7　遮雨棚实拍图及蒸渗仪结构图

每个蒸渗仪包括不锈钢秤盘支座、MHsensor 称重传感器(量程为 300kg，精度为±0.02%)和有机玻璃土箱(包括 15 个土箱和 3 个水箱)。试验土箱厚 10mm，大小为 50cm × 50cm × 50cm，箱底均匀分布着直径为 5mm 的小孔。为保证空气自由流动，装土时在箱底垫 50cm × 50cm 的滤纸防止土壤和水分漏出。同时，使用 3 个有机玻璃水箱测量水面蒸发量，水箱大小为 50cm×50cm×20cm。使用 CR1000 数据采集器测量激励电压并以 1h 的频率记录每个传感器的输出数据，即土箱质量的动态变化；由扩展板和太阳能组成供电系统。

称重传感器的工作原理是通过输出的激励电压转化成质量，因此在试验开始前需要进行标定，将称重砝码放在传感器上记录数据采集器输出的数据，用方程拟合出输出电压与所测重物质量之间的线性关系，再将所得方程的斜率和截距值输入数据采集器的程序中得到质量数据。

2. 土样的制备及试验处理

供试土样为取自陕西杨凌北部农田表层 0～20cm 的壤土，将土壤经自然风干、研磨、去除杂质后过孔径为 8mm 的筛。采用激光粒度仪分析土壤颗粒组成 (鲍士旦，2000)，土壤质地分类采用国际制，风干含水量 θ_r 和饱和含水量 θ_s 用烘干法测定，田间持水量 θ_f 用威尔科克斯法测定(Salter et al.，1965)，土壤饱和导水率 K_s 用定水头法测定(Klute et al.，1986)，土壤有机质含量 SOM 用外热-重铬酸钾氧化法测定(林大仪，2004)，土样的基本物理性质见表 5-2。

表 5-2 土样的基本物理性质

土壤	黏粒质量分数/%	粉粒质量分数/%	砂粒质量分数/%	质地	θ_r /(cm³/cm³)	θ_f /(cm³/cm³)	θ_s /(cm³/cm³)	SOM /(g/kg)	K_s /(cm/min)
壤土	15	32	53	砂壤土	0.05	0.34	0.42	7.38	0.0187

不同程度斥水性土壤的配制方法同第 3 章，夏玉米试验处理条件如表 5-3 所示。试验设定 4 个初始 WDPT 不同的轻微斥水处理和 1 个亲水处理做对照，二甲基二氯硅烷添加量分别为 0g/kg、4.9g/kg、6.9g/kg、9.7g/kg 和 13.9g/kg，每个处理各重复 3 次。

表 5-3 夏玉米试验处理条件

处理	DCDMS 添加量 /(g/kg)	初始 WDPT/s	斥水等级	种植条件
CK	0	1	亲水	夏玉米
WR1	4.9	7	轻微斥水	夏玉米
WR2	6.9	9	轻微斥水	夏玉米
WR3	9.7	12	轻微斥水	夏玉米
WR4	13.9	16	轻微斥水	夏玉米

将风干后的壤土按容重 1.42g/cm³ 每 5cm 一层分层装入有机玻璃土箱，装土深度为 45cm，装土时需在每层装土后进行层间打毛处理。肥料的设计施氮量为 660kg/hm²，$w(x)$ 表示 x 的质量分数，即每个土箱尿素[$w(N)$ 为 46%]29.35g、磷酸二胺[$w(P_2O_5)$ 为 44%，$w(N)$ 为 16%]18.75g、钾肥[$w(K_2O)$ 为 51%]25.88g，氮磷钾肥的质量比为 1∶0.5∶0.8。肥料与土壤均匀混合后装在 5～10cm 深度处，装完土后自然沉降 24h。

每个土箱的初始灌水量为 160mm，此次灌水是为了让土壤含水量达到田间持水量，入渗结束后放置 24h，使土体进行水分再分布。水分在土体中分布均匀后进行夏玉米播种，在距土壤表面约 5cm 的位置播入 4 粒玉米种子，再覆上干土，若未发芽则需要补种，在夏玉米的三叶期间苗 4 株、五叶期定苗 2 株。

供试夏玉米品种为秦龙 14。在夏玉米生长期间，各处理按设计灌水下限进行灌水，当 WR4 处理的含水量 θ_v 达到田间持水量 θ_f 的 70% 时，灌水 20mm 或 30mm。每灌两次水后在灌水前进行土钻取土，用烘干法测定各层土壤含水量。试验分别于 2016 年 6 月 19 日和 2017 年 6 月 20 日开始，至 2016 年 10 月 14 日和 2017 年 10 月 20 日收获，生育期历时分别为 118d 和 123d。

3. 观测指标及方法

需要测定的指标主要包括土壤和作物两个方面。

土箱质量：使用电子设备 MH1124 称重传感器与 CR1000 数据采集器来测定，记录逐时数据，两天同一时刻的质量差值为当天土箱质量的减少量。

蒸散量：根据蒸渗仪逐时实测值计算得到日蒸散量 ET_c。

$$ET_c = \frac{\sum\limits_{t=1}^{24}\left(W_{t,i} - W_{t,i+1}\right)}{24S} \tag{5-1}$$

式中，$W_{t,i}$ 为第 i 天 t 时刻的土箱质量，g；S 为土箱表面积，cm^2。有灌溉时当日土箱质量需减去灌溉水质量，g。

土壤含水量：用土钻法在夏玉米不同生育期灌水前取土样，测定深度为 45cm，每间隔 5cm 取一次。土样采用烘干法测定，烘干温度为 105℃，时间为 8h。

$$\theta_v = 1.4 \times \frac{m_2 - m_1}{m_1 - m_0} \times 100\% \tag{5-2}$$

式中，θ_v 为体积含水量，cm^3/cm^3；1.4 为壤土密度，g/cm^3；m_2 为铝盒与湿土的质量，g；m_1 为铝盒与干土的质量，g；m_0 为空铝盒质量，g。

土壤总贮水量：根据土壤含水量计算所得。

$$W = \sum H_i \times \theta_{vi} \times 10 \tag{5-3}$$

式中，W 为土壤总贮水量，mm；H_i 为测量的土层深度，cm；θ_{vi} 为第 i 层土壤体积含水量，cm^3/cm^3。

夏玉米株高：夏玉米抽雄前株高为根部到叶片最高叶尖的长度，抽雄后为根部到穗顶的距离，cm，使用卷尺测量。

茎粗：夏玉米植株露出地面第一完整节间的中间部位直径，使用游标卡尺测量，取读数最大值与最小值的平均值，mm。

叶面积指数：夏玉米叶片完全展开时的面积，cm^2，采用卷尺测量每片叶子的最大宽度和长度，cm。

$$\text{LAI} = \frac{\sum(a_i \times b_i)}{2500} \times 0.75 \tag{5-4}$$

式中，LAI 为夏玉米叶面积指数(leaf area index)；a_i 为叶片的长度，cm；b_i 为叶片的宽度，cm；2500 为土箱表面积，cm^2；0.75 为经验系数。

干物质重：夏玉米的干物质包括根、茎、叶、穗、苞叶和玉米粒。将取得的样品分类装入档案袋并标号后放入烘箱，经 105℃杀青 30min，再于 75℃烘干至恒重后使用电子天平(精度 0.01g)称量，g。

水分利用效率：农田蒸散消耗单位质量水所制造的干物质量，是蒸腾系数的倒数，计算公式为

$$\text{WUE} = Y_d / \text{ET}_c \tag{5-5}$$

式中，WUE 为水分利用效率(water use efficiency)，$kg/(hm^2 \cdot mm)$；Y_d 为夏玉米的经济产量，kg/hm^2；ET_c 为作物总蒸散量，mm。

耗水量：

$$\text{ET} = W_1 - W_2 + R + I \tag{5-6}$$

式中，ET 为夏玉米全生育期耗水量，mm；W_1 为播种前灌水量，mm；W_2 为收获后土壤的总贮水量，mm；R 为降水量，mm；I 为全生育期内灌水量，mm。

相对有效含水量：

$$A_w = \frac{\theta_v - \theta_{wp}}{\theta_f - \theta_{wp}} \tag{5-7}$$

式中，A_w 为相对有效含水量，是一个对水分胁迫的量化指标；θ_v 为土壤体积含水量，cm^3/cm^3；θ_f 为田间持水率，cm^3/cm^3；θ_{wp} 为凋萎系数，cm^3/cm^3。

4. 数据处理

试验数据均是各重复处理的平均值，采用 Excel、Sigmaplot 和 SPSS 等软件对数据进行分析和处理。使用 SPSS 17.0 Duncan 新复极差法($P < 0.05$)对试验和计算所得的数据进行显著性检验。

5.2.2 WDPT 与土壤水分的关系

1. WDPT 与土壤含水量的关系

2017 年，逐日对试验土箱的表层土壤进行 WDPT 和含水量θ_v 观测，可以得到表层土壤含水量和 WDPT 随时间的动态变化过程。图 5-8 是 2017 年表层土壤含水量及灌水量随时间的变化。由图可以看出，土壤含水量在每次灌水后均呈现逐日下降的趋势。CK 处理的含水量较斥水处理更低，说明 SWR 可以抑制深层土

壤蒸发，有利于土壤贮水，该结论与 Mataix-Solera 等(2004)的研究成果基本一致。

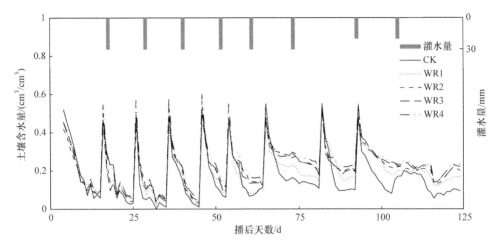

图 5-8　2017 年表层土壤含水量及灌水量随时间的变化

图 5-9 是 2017 年表层土壤 WDPT 随时间的变化。

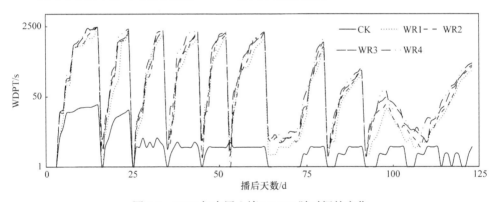

图 5-9　2017 年表层土壤 WDPT 随时间的变化

由图 5-9 可以看出：在前两次灌水后，亲水性土壤 CK 处理也呈现出一定斥水性，WDPT 最大可达到 31s，在 5~60s，呈现出轻微斥水。4 个斥水处理在第一次灌水后最大 WDPT 分别达到 2000s、2200s、2300s 和 2355s，600s≤WDPT＜3660s，呈现出严重斥水性。经过多次灌水，最终玉米收获后各处理的 WDPT 分别为 3s、209s、264s、285s 和 321s，初始 WDPT 最大的处理 WR4 经过灌水及作物生长后 WDPT 仍然最大。

对 WDPT 与 θ_i 的关系进一步比较，将第一次和最后三次灌水后的特征值列表比较后发现，在每次灌溉后，不仅 WDPT 与 θ_i 的最大值和最小值发生了变化，它们的范围也在变化。在几次灌溉之后，WDPT 逐渐下降。对于不同的处理，每次

灌溉后 θ_v 的最大值不同，但最小值随着初始 WDPT 的增加而增加，这在第 6～8
次灌溉后尤为明显。经过灌溉后，WR4 处理的 θ_v 从 $0.32\text{cm}^3/\text{cm}^3$ 降低到
$0.19\text{cm}^3/\text{cm}^3$、$0.16\text{cm}^3/\text{cm}^3$ 和 $0.26\text{cm}^3/\text{cm}^3$。这也说明了土壤水的有效性随着 WDPT
初始值的增加而降低，尤其是 WR4 处理最为明显。

　　WDPT 和 θ_v 的变化受灌溉的影响，图 5-10 是 2017 年每次灌溉后 WDPT 与土
壤含水量的关系，图例表示灌溉的顺序和次数。对于 CK 处理，只有在前 2 次灌
水后土壤的 WDPT 发生变化，最大值为 31s；对于斥水处理，WDPT 均增加了 5s
以上，WDPT 与 θ_v 呈现负相关。

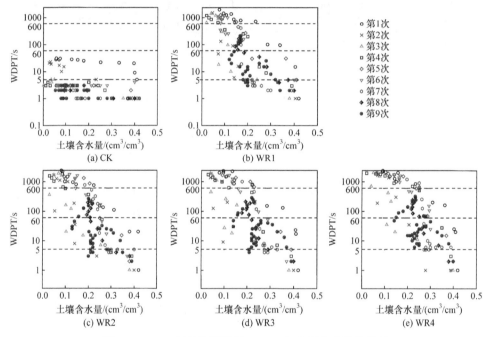

图 5-10　2017 年每次灌溉后 WDPT 与土壤含水量的关系

　　以往也有不少关于 WDPT 与 θ_v 相关的研究(Benito et al.，2016；Hewelke et al.，
2016；Kramers et al.，2005)，但多数是静态过程，分析了土壤斥水特性曲线(Li
et al.，2017；Wijewardana et al.，2016)。经过试验发现，多次灌溉后会降低土壤斥
水的程度，土壤的这种特性有助于土壤的恢复与植物的生长，但这个过程需要长
时间的累积。此外，土壤表层的 WDPT 与 θ_v 的关系暗示了深层土壤之间可能也存
在类似的变化，这表明在夏玉米生长期间，随着土壤水分含量的变化，土壤的斥
水性更持久。

2. SWR 对夏玉米蒸散量的影响

　　根据蒸渗仪逐时实测值可计算得到不同斥水性处理的日蒸散量，不同处理日

蒸散量随时间的变化如图 5-11 所示。

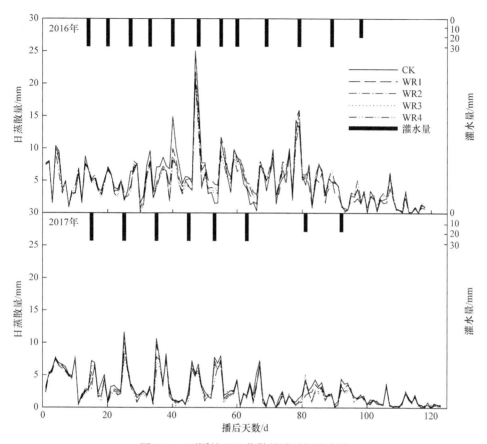

图 5-11　不同处理日蒸散量随时间的变化

　　2016 年的日蒸散量整体高于 2017 年，这是多种因素影响的结果，可能与夏玉米生长期间的气候和大气条件有关。每次灌水后，各个处理的日蒸散量逐渐减小，这是因为在每次灌水后，土壤表层的含水量增大至接近土壤的田间持水量，此时土壤蒸发能力完全由大气蒸发能力决定，土壤中的水分借助土壤毛细作用上升到表层产生失水过程，即水分蒸发。在灌水前的一段时间，各个处理的蒸散量差异不大，这是因为土体中可供蒸发的水量随着作物的生长及土壤蒸发时间的延长而减少，此时土壤表层出现干层现象，且 SWR 越强干层现象越明显，干层会阻碍水分的蒸发从而起到减少深层土壤水分蒸发的作用(Mataix-Solera et al., 2004)。两年度 CK 处理的日蒸散量的波动幅度大于其他 4 个斥水处理，说明在相似的气候背景下，SWR 影响土壤水分运移，且斥水程度越重，水分利用效率越低(Shokri et al., 2008)。

根据日蒸散量计算得到累积蒸散量,图 5-12 表示不同处理累积蒸散量随时间的变化。

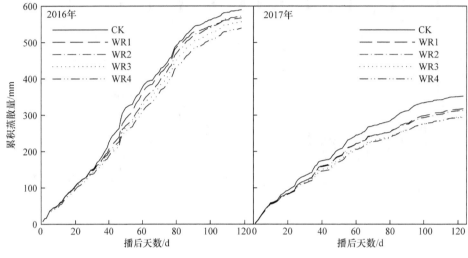

图 5-12　不同处理累积蒸散量随时间的变化

由图 5-12 可知:2016 年的累积蒸散量高于 2017 年,这与日蒸散量一致;两年度斥水处理的累积蒸散量均小于 CK 处理,且随着 SWR 的增加,累积蒸散量逐渐降低,说明 SWR 对深层土壤的蒸发有抑制作用。

表 5-4 是对夏玉米生育期内 ET_c 的统计分析,可以看出 2016 年 CK 处理的总蒸散量比斥水处理分别高出 16.2mm、17.5mm、33.1mm 和 50.3mm;2017 年 CK 处理的总蒸散量比斥水处理分别高出 34.5mm、39.3mm、57.0mm 和 58.3mm,且 WR3 和 WR4 处理的累积蒸散量差异较小。

表 5-4　夏玉米生育期内 ET_c 统计分析

年份	处理				
	CK	WR1	WR2	WR3	WR4
2016	590.2 ± 6.7a	574.0 ± 17.4ab	572.7 ± 6.7ab	557.1 ± 7.5bc	539.9 ± 4.5c
2017	352.5 ± 3.2a	318.0 ± 7.9b	313.2 ± 4.5b	295.5 ± 7.6c	294.2 ± 0.5c

注:不同小写字母 a、b、c 和 d 表示 0.05 水平差异显著。

3. SWR 对夏玉米各生育期含水量的影响

在夏玉米不同生育阶段灌水前对土体进行土钻取土,得到不同处理的各土层含水量沿土箱垂直剖面的变化情况。

2016 年和 2017 年夏玉米不同生育期内灌水前土壤剖面含水量的变化如

图 5-13 所示。两年度的夏玉米试验均在生育期内进行了 4 次取样，分别处于夏玉米生育阶段的拔节期、抽雄期、灌浆期和成熟期。

由图 5-13 可知，两年度的试验结果变化规律比较一致。灌溉前，CK 处理的 θ_v 通常小于其他 4 种斥水处理，θ_v 曲线按 CK、WR1、WR2、WR3 和 WR4 处理依次递增，尤其是在夏玉米生育后期，即灌浆期和成熟期更为明显。

4. SWR 对土壤总贮水量的影响

根据剖面 θ_v 结果，由式(5-3)计算可得到夏玉米在不同生育阶段的土壤总贮水量，SWR 对土壤总贮水量的影响如图 5-14 所示。

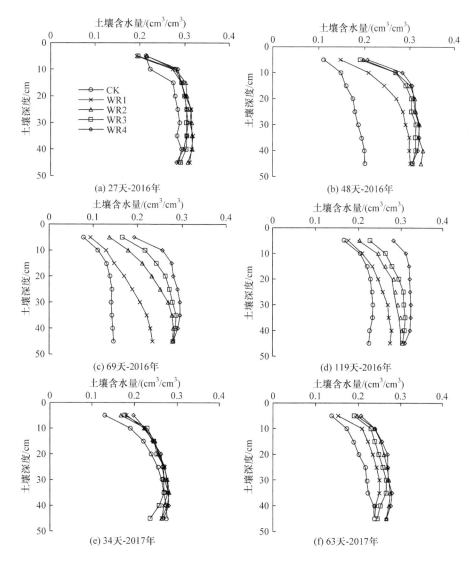

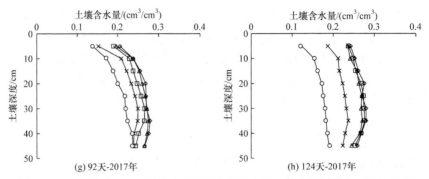

(g) 92天-2017年　　　　　　　　　　(h) 124天-2017年

图 5-13　2016 年和 2017 年夏玉米不同生育期内灌水前土壤剖面含水量的变化

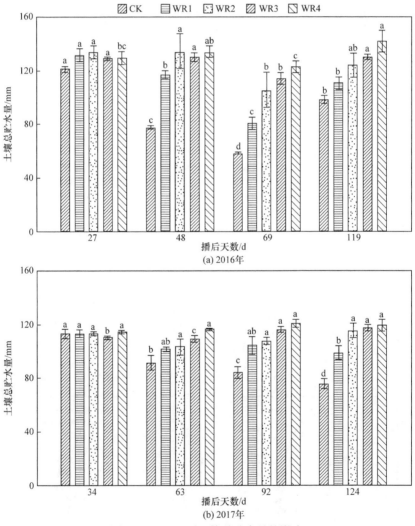

(a) 2016年

(b) 2017年

图 5-14　SWR 对土壤总贮水量的影响

在夏玉米各个生育阶段，随着 SWR 的增加，土壤总贮水量也在增加，尤其是在灌浆期和成熟期更为明显，且各个处理间存在显著的差异，这与 θ_v 的变化一致，进一步说明了土壤中的斥水性会对深层土壤产生抑制作用，从而阻碍土壤的蒸发，增加土壤的深层贮水。

通过对 ET_c 和累积蒸散量、θ_v 和土壤总贮水量的比较发现，斥水处理的蒸散量较小，但 θ_v 和土壤总贮水量较大，节水效果明显优于 CK 处理。Shokri 等(2008)的研究中也涉及这个结论，证明了土壤的斥水性可以增加水的储存。试验证明斥水性土壤很难湿润也很难排水，斥水处理的可用水量少，可能会导致作物对水分的吸收困难，从而影响作物生长发育。

已有很多研究发现作物的物候期在水分胁迫条件下会加速发育，而在水分胁迫程度严重时也会减缓作物发育速度(Campos et al.，2014；纪瑞鹏等，2012)。APSIM 模型中默认只有当相对有效含水量 $A_w < 0.2$ 时才开始影响作物物候期(Saseendran et al.，2008)，但同时也说明这个取值并不适用于所有作物。夏玉米各生育期的相对有效含水量见图 5-15。

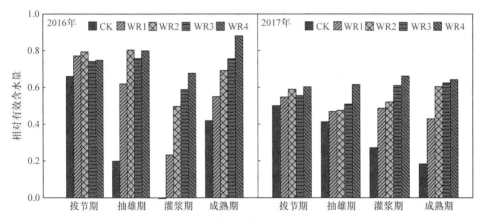

图 5-15　夏玉米各生育期的相对有效含水量

由图 5-15 可以看出，夏玉米各生育期的相对有效含水量受 SWR 影响明显，且随着 SWR 程度的增强而变大。两年度夏玉米各生育期的相对有效含水量大多在 0.2 以上，除了 2016 年 CK 处理在灌浆期的 $A_w < 0$，说明夏玉米在这个阶段的需水量没有得到满足，生长速率变缓，从而影响最终的作物产量。

5.2.3　SWR 对夏玉米生长指标的影响

1. 生育期

夏玉米生长过程中，各器官的生长和发育具有稳定的规律性及顺序性，根据夏玉米的根、茎、叶、穗和籽粒先后生长发育的主次关系,将夏玉米的生长进程划分成苗期、穗期和花粒期三个主要阶段,每个阶段包括一个或几个生育时期。夏玉米生育期受播种地区、气候条件和种植条件等多种因素影响。

各斥水性处理的夏玉米生育阶段天数见表 5-5。可以看出,与对照处理 CK 相比,斥水处理的出苗时间均延后了 1～2d,说明 SWR 会对植物种子的发芽产生一定的影响。在出苗-拔节阶段,SWR 越强,夏玉米生长速度越慢,斥水性最强的 WR4 处理在 2016 年和 2017 年比 CK 处理分别增加了 3d 和 6d。在拔节-抽雄阶段,相较于 CK 处理,WR1、WR2、WR3 和 WR4 处理在 2016 年分别增加了 3d、4d、5d 和 6d,在 2017 年分别增加了 5d、6d、7d 和 7d。在抽雄-灌浆阶段,四个斥水处理相比 CK 处理在 2016 年和 2017 年均增加了数天。在试验过程中观察发现,斥水处理的玉米籽粒不能达到完全成熟的状态,即干硬、穗粒基部出现黑色层的状态。虽然各斥水处理全生育期天数一样,但在灌浆-成熟阶段的天数存在一定区别。说明 SWR 对夏玉米生长有一定阻碍作用,会延长夏玉米的生育期。

表 5-5　各斥水性处理的夏玉米生育阶段天数　　　　　　　(单位:d)

年份	处理	生育阶段					
		播种-出苗	出苗-拔节	拔节-抽雄	抽雄-灌浆	灌浆-成熟	全生育期
2016	CK	4	38	20	9	41	112
	WR1	5	40	23	12	38	118
	WR2	5	40	24	13	36	118
	WR3	6	41	25	14	32	118
	WR4	6	41	26	15	30	118
2017	CK	4	38	21	10	42	115
	WR1	5	42	26	15	35	123
	WR2	5	43	27	16	32	123
	WR3	6	43	28	18	28	123
	WR4	6	44	28	18	27	123

2. SWR 对夏玉米生理指标的影响

夏玉米生长过程中,需要测量的生理指标主要包括夏玉米株高、茎粗、叶面积指数、干物质量和产量等。

图 5-16 展示了两年度 SWR 对夏玉米株高的影响。

由图 5-16 可以看出,夏玉米株高在拔节期和抽雄期增长迅速,此时夏玉米生长速度很快;在播种 65 天以后,夏玉米株高基本稳定,这是由于抽雄期过后,夏玉米生长发育主要集中在雄穗主轴端部,较为缓慢,当夏玉米生长进入灌浆期后,

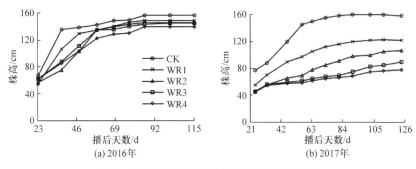

图 5-16　两年度 SWR 对夏玉米株高的影响

株高基本趋于稳定，不再变化。当夏玉米株高稳定后，4 个斥水处理的株高都明显低于 CK 处理。2016 年，CK 处理的株高比斥水处理的株高分别高了 7.7cm、10.7cm、11.7cm 和 16.7cm；2017 年更为明显，CK 处理的株高比斥水处理的株高分别高了 36.5cm、51.5cm、68.5cm 和 80.5cm。说明 SWR 越强，夏玉米株高越低。

图 5-17 反映了 SWR 对夏玉米茎粗的影响。

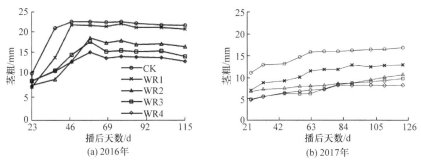

图 5-17　SWR 对夏玉米茎粗的影响

随着夏玉米的生长，茎粗呈现出先增长后稳定的趋势。在夏玉米生长前期，茎粗增长较为迅速，是因为夏玉米在拔节期时生长迅速；进入抽雄期后，夏玉米生长趋于稳定，这个阶段的茎粗变化不大；在播后第 90 天左右，茎粗开始缓慢下降，这是因为夏玉米在进入成熟期后，植株水分减少，夏玉米叶片开始变黄、变干，茎粗也相应变小。相对于 CK 处理，夏玉米的茎粗整体呈现出 SWR 越强，茎粗越小的规律。2016 年，CK 处理的最大茎粗比斥水处理分别高出 0.863mm、5.01mm、7.32mm 和 8.74mm；2017 年则分别高出 3.91mm、6.13mm、7.02mm 和 8.26mm。

图 5-18 对比了 SWR 对夏玉米叶面积指数的影响。

同株高和茎粗的规律一样，叶面积指数也随着 SWR 的增大逐渐降低，在苗期，不同斥水处理间的叶面积指数差异不大；在播后第 30～90 天，各处理的叶面积指数均逐渐上升且出现显著不同，2016 年斥水处理与 CK 处理的叶面积指数最大值相差 0.19、0.31、0.48 和 0.63，2017 年相差 0.57、0.67、0.78 和 0.81；在播

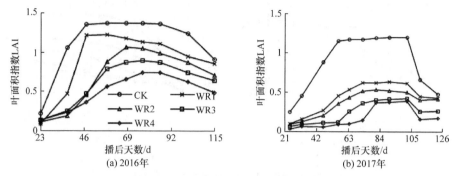

图 5-18　SWR 对夏玉米叶面积指数的影响

后第 90 天至收获时，夏玉米的叶片开始变黄、枯萎，叶面积指数呈下降趋势，此时夏玉米进入成熟期，且 SWR 越强，下降速度越慢，说明 SWR 会延长夏玉米的生育期，阻碍夏玉米生长。

表 5-6 表示各处理的夏玉米生理指标达到最大值的时间。可以看出，2017 年度的夏玉米生理指标最大值的出现时间明显晚于 2016 年度，说明 2017 年度夏玉米的生长速度更为缓慢。

表 5-6　各处理的夏玉米生理指标达到最大值时间　　　　　　（单位：d）

年份	处理	株高	茎粗	叶面积指数
2016	CK	86	47	77
	WR1	86	47	68
	WR2	86	58	68
	WR3	86	77	77
	WR4	101	77	86
2017	CK	90	123	90
	WR1	111	123	90
	WR2	123	123	81
	WR3	123	123	102
	WR4	123	123	102

3. SWR 对夏玉米干物质量的影响

夏玉米干物质量包括根、茎、叶、苞叶、穗和籽粒的质量，图 5-19 展示了 SWR 对夏玉米干物质量的影响。

从整体来看，2017 年各处理的夏玉米干物质量明显低于 2016 年，且随着 SWR 的增强，夏玉米干物质量显著减少。尤其是 2017 年度的 WR2、WR3 和 WR4 处理并未结穗，苞叶、空棒和总粒质量均为 0，没有结穗的原因有很多，可能是气

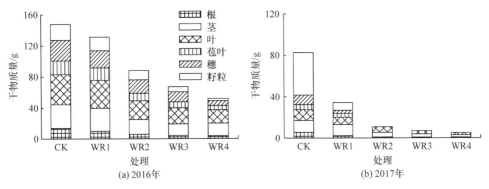

图 5-19　SWR 对夏玉米干物质量的影响

候条件变化或授粉失败。说明 SWR 会减少夏玉米干物质量的积累，从而影响夏玉米的最终产量。

表 5-7 表示不同斥水性处理下夏玉米干物质量的统计分析，不同字母表示通过邓肯法多重比较检验的显著性差异($P < 0.05$)，显示了同一处理 3 个重复之间的差异及不同处理之间的差异。夏玉米的根、茎、叶和籽粒均随 SWR 的增大而明显降低，2016 年 CK 处理的夏玉米干物质量比斥水处理分别高出 11.7g、50.1g、66.8g 和 75.3g，2017 年为 42.1g、62.6g、66.4g 和 68.2g。

表 5-7　不同斥水性处理下夏玉米干物质量的统计分析

年份	处理	根/g	茎/g	叶/g	籽粒/g
2016	CK	13.7 ± 0.7a	30.7 ± 5.1a	56.1 ± 2.8a	20.5 ± 2.7a
	WR1	10.1 ± 1.0b	29.5 ± 2.5a	52.0 ± 2.0a	17.7 ± 2.7ab
	WR2	6.0 ± 1.3c	18.7 ± 2.1b	34.1 ± 8.1b	12.1 ± 8.4bc
	WR3	4.3 ± 0.3d	14.7 ± 2.8b	28.7 ± 5.1bc	6.5 ± 0.4cd
	WR4	3.8 ± 0.11d	16.1 ± 2.4b	22.9 ± 2.7c	2.9 ± 1.0d
2017	CK	5.6 ± 1.2a	11.5 ± 0.3a	15.4 ± 1.3a	40.9 ± 2.8
	WR1	2.4 ± 0.6b	10.6 ± 1.4a	10.9 ± 1.3b	7.4 ± 1.5
	WR2	1.0 ± 0.3c	4.4 ± 0.4b	5.4 ± 0.4c	—
	WR3	0.8 ± 0.1c	3.1 ± 0.16c	3.1 ± 0.97d	—
	WR4	0.8 ± 0.2c	2.2 ± 0.26c	2.2 ± 1.1d	—

注：不同小写字母 a、b、c 和 d 表示 0.05 水平差异显著。

表 5-8 为不同斥水性处理的夏玉米穗长、穗粗、百粒重及产量。

表 5-8 不同斥水性处理的夏玉米穗长、穗粗、百粒重及产量

年份	处理	穗长/mm	穗粗/mm	百粒重/g	产量/(kg/hm²)
2016	CK	101.1 ± 6.0a	27.3 ± 0.9a	19.9 ± 0.5a	1641.0 ± 121.0a
	WR1	86.4 ± 1.3b	26.6 ± 1.0a	19.9 ± 0.3a	1414.0 ± 34.0a
	WR2	83.1 ±5.6bc	24.1 ± 0.3b	18.6 ± 2.1a	966.0 ± 45.0ab
	WR3	73.2 ± 3.6c	22.2 ± 1.0bc	16.3 ± 2.6a	521.0 ± 98.0bc
	WR4	60.2 ± 6.7d	20.4 ± 1.4c	14.6 ± 0.5a	233.0 ± 66.0c
2017	CK	92.4 ± 3.7	36.7 ± 0.9	23.7 ± 1.7	3269.0 ± 179.7
	WR1	42.6 ± 4.5	21.6 ± 2.0	17.8 ± 7.2	590.6 ± 132.0

由表 5-8 可以看出 SWR 对夏玉米产量有很大的影响，穗长、穗粗、百粒重和产量均随着 SWR 的增强而降低。2016 年，CK 处理的产量比斥水处理分别高出 $227g/hm^2$、$675g/hm^2$、$1120g/hm^2$ 和 $1408kg/hm^2$；2017 年，斥水处理 WR2、WR3 和 WR4 并未结穗，无法测产。本试验为盆栽试验，施肥量相同且施肥时间相同，但夏玉米植株的生长指标因 SWR 并不一致，造成夏玉米在灌浆期及成熟期的养分不足，影响夏玉米的出穗，或造成夏玉米的穗和籽粒大小不一，从而影响最终产量。

2017 年夏玉米收获后，测量了各处理的最长根长，2017 年不同斥水性处理夏玉米的最大根长结果如图 5-20 所示。

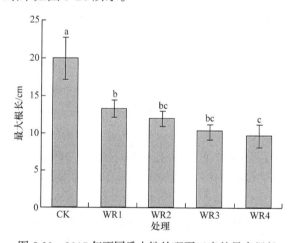

图 5-20 2017 年不同斥水性处理夏玉米的最大根长

由图 5-20 可以看出，SWR 会影响夏玉米的根系生长，初始 WDPT 最大的处理根长最短，也再次说明了 SWR 越强作物生长越不好，从而影响最终产量。

4. SWR 对夏玉米水分利用效率的影响

根据夏玉米产量和蒸散量 ET_c 计算得到水分利用效率 WUE 和耗水量，不同

斥水性处理夏玉米的水分利用效率结果如表 5-9 所示。

表 5-9 不同斥水性处理夏玉米的水分利用效率

年份	处理	产量 /(kg/hm²)	蒸散量 ET$_c$/mm	WUE /[kg/(hm²·mm)]	耗水量/mm
2016	CK	1641.0 ± 121.0a	590.2 ± 6.7a	2.8 ± 0.3a	411.6 ± 6.5a
	WR1	1414.0 ± 34.0a	574.0 ± 17.4ab	2.5 ± 0.4a	399.4 ± 0.8b
	WR2	966.0 ± 45.0ab	572.7 ± 6.7ab	1.7 ± 0.9ab	386.0 ± 7.2c
	WR3	521.0 ± 98.0bc	557.1 ± 7.5bc	0.9 ± 0.7b	380.0 ± 3.8c
	WR4	233.0 ± 66.0c	539.9 ± 4.5c	0.4 ± 0.1b	368.2 ± 2.4d
2017	CK	3269.0 ± 179.7	352.5 ± 3.2a	9.3 ± 0.6	303.8 ± 3.6a
	WR1	590.6 ± 132.0	318.0 ± 7.9b	1.9 ± 0.6	280.7 ± 5.2b
	WR2	—	313.2 ± 4.5b	—	264.2 ± 5.5c
	WR3	—	295.5 ± 7.6c	—	262.3 ± 3.4c
	WR4	—	294.2 ± 0.5c	—	260.5 ± 4.6c

由表 5-9 可知：随着 SWR 的增强，夏玉米的水分利用效率降低，耗水量也随之降低。2016 年，CK 处理的 WUE 比斥水处理分别高出 0.3kg/(hm²·mm)、1.1kg/(hm²·mm)、1.9kg/(hm²·mm)和 2.4kg/(hm²·mm)，相对分别高出 10.71%、39.28%、67.86%和85.71%；2017年CK处理的WUE比WR1处理高7.4kg/(hm²·mm)，相对高出 79.57%。2016 年，斥水处理的耗水量比对照处理 CK 分别低了 12.2mm、25.6mm、31.6mm 和 43.4mm，相对少了 2.98%、6.23%、7.69%和 10.54%；2017年，CK 处理比斥水处理高出 23.1mm、39.6mm、41.5mm 和 43.3mm，相对高出 7.61%、13.03%、13.67%和 14.25%。

5.3 斥水条件下夏玉米蒸散量的计算

作物蒸散量主要由作物蒸腾量和棵间土壤蒸发量组成，是合理分配灌溉用水的重要依据(康绍忠等，1994)。蒸散量主要通过直接计算法和实测法来确定，直接计算法是利用经验公式，结合气象数据和作物生长数据计算求得；实测法包括涡度相关法和蒸渗仪法等。本节利用两年度遮雨棚控水条件下夏玉米生长及蒸渗仪观测蒸散量试验数据，分别基于单、双作物系数法提出不同程度斥水性土壤中夏玉米蒸散量的改进作物系数法公式，分析和验证其应用效果和估算精度，以期为旱区农田水分管理提供科学指导。

5.3.1 指标计算

1. 参考作物蒸散量

参考作物蒸散量 ET_0 用于提供一个标准，由此使年内不同时段或不同地区的 ET_c 具有可比性，也可与其他作物的 ET_c 建立联系(Monteith，1965)。

ET_0 的计算方法很多，研究表明用 FAO-56 Penman-Monteith 公式计算的 ET_0 与实测结果最为接近，被推荐为标准计算方法(Allen et al.，1998)。统一化后的表达式为

$$ET_0 = \frac{0.408 \times \Delta\left(R_n - G\right) + \gamma \times \dfrac{900}{T+273}u_2\left(e_s - e_a\right)}{\Delta + \gamma\left(1 + 0.34u_2\right)} \tag{5-8}$$

式中，ET_0 为参考作物蒸散量，mm；R_n 为作物冠层净辐射，MJ/m^2 · d；G 为土壤热通量，MJ/m^2 · d，在逐日尺度下为 0；T 为 2m 高处的日平均气温，℃；u_2 为 2m 高处的平均风速，m/s；e_s 为饱和水汽压，kPa；e_a 为实际水汽压，kPa；Δ 为饱和水汽压与温度曲线的斜率，kPa/℃；γ 为干湿表常数，kPa/℃。

饱和水汽压与温度曲线的斜率 Δ 计算公式为

$$\Delta = \frac{4098e_s}{\left(T + 273.3\right)^2} \tag{5-9}$$

$$e_s = e^0\left(T\right) = 0.6108\exp\left(\frac{17.27T}{T + 273.3}\right) \tag{5-10}$$

式中，$e^0(T)$ 为温度为 T 时的饱和水汽压，kPa。

实际水汽压 e_a 计算公式为

$$e_a = \frac{1}{2}e^0\left(T_{min}\right)\frac{RH_{max}}{100} + \frac{1}{2}e^0\left(T_{max}\right)\frac{RH_{min}}{100} \tag{5-11}$$

式中，$e^0(T_{min})$ 为一天中最低温度时的饱和水汽压，kPa；$e^0(T_{max})$ 为日最高温度时的饱和水汽压，kPa；RH_{max} 为最大相对湿度，%；RH_{min} 为最小相对湿度，%。

干湿表常数 γ 的计算公式为

$$\gamma = 0.00163\frac{P}{2.501 - 0.002361T} \tag{5-12}$$

$$P = 101.3 \times \left(\frac{293 - 0.0065Z}{293}\right)^{5.26} \tag{5-13}$$

式中，P 为海拔 Z 处的气压，kPa；Z 为海拔，m。

作物冠层的净辐射 R_n 的计算公式为

$$R_{\mathrm{n}} = 0.77\left(0.25 + 0.5\frac{n}{N}\right)R_{\mathrm{a}} - 2.45 \times 10^{-9}\left(0.9\frac{n}{N} + 1\right)\left(0.34 - 0.14\sqrt{e_{\mathrm{a}}}\right)\left(T_{\max}^4 + T_{\min}^4\right)$$

$$(5\text{-}14)$$

式中，n 为太阳日照时数，h；N 为理论日照时数，h；R_{a} 为大气外层太阳辐射通量，$MJ/m^2 \cdot d$：

$$R_{\mathrm{a}} = 37.6d_{\mathrm{r}}\left(\omega_{\mathrm{s}}\sin\varphi\sin\delta + \cos\varphi\cos\delta\sin\omega_{\mathrm{s}}\right) \tag{5-15}$$

$$d_{\mathrm{r}} = 1 + 0.033\cos\left(\frac{2\pi}{365}J\right) \tag{5-16}$$

$$\delta = 0.409\sin\left(\frac{2\pi}{365}J - 1.39\right) \tag{5-17}$$

$$N = \frac{24}{\pi}\omega_{\mathrm{s}} \tag{5-18}$$

式中，d_{r} 为太阳到地球的相对距离，m；δ 为太阳磁偏角，rad；φ 为纬度，rad；ω_{s} 为日落时的角度，rad；J 为年内的天数。

2. 单作物系数法

单作物系数 $K_{\mathrm{c,单}}$ 将参考作物和计算作物之间的作物蒸腾与土壤蒸发综合到一起，能为规划研究和灌溉系统设计提供计算参考(樊引琴等，2002；Allen et al.，1998)。$K_{\mathrm{c,单}}$ 在生育期的变化趋势仅需三个值就可描述和点绘出作物系数曲线，即生长初期 K_{cini}、生长中期 K_{cmid} 和生长后期 K_{cend}。计算公式为

$$\mathrm{ET}_{\mathrm{c,单}} = K_{\mathrm{c,单}}\mathrm{ET}_0 \tag{5-19}$$

式中，$\mathrm{ET}_{\mathrm{c,单}}$ 为单作物系数法蒸散量；$K_{\mathrm{c,单}}$ 为单作物系数法作物系数。

依据灌溉情况将土壤蒸发划分成两个阶段：蒸发的第一阶段，土壤湿润间隔时间 $t_{\mathrm{w}} < t_1$，$K_{\mathrm{cini}} = 0.3$，此时潜在蒸发速率 $E_{\mathrm{so}} = 1.15\mathrm{ET}_0$，历时 $t_1 = \mathrm{REW}\,E_{\mathrm{so}}$；当 $t_{\mathrm{w}} \geqslant t_1$ 时为蒸发的第二阶段，初期作物系数(K_{cini})需根据公式计算：

$$K_{\mathrm{cini}} = \frac{\mathrm{TEW} - (\mathrm{TEW} - \mathrm{REW})\exp\left[\dfrac{-(t_{\mathrm{w}} - t_1)E_{\mathrm{so}}\left(1 + \dfrac{\mathrm{REW}}{\mathrm{TEW} - \mathrm{REW}}\right)}{\mathrm{TEW}}\right]}{t_{\mathrm{w}}\mathrm{ET}_0} \tag{5-20}$$

式中，TEW 为总蒸发量，mm，根据作物条件取 22mm；REW 为易蒸发量，mm，取 9mm；t_{w} 为湿润间隔时间，d，在该研究初期为 20d；t_1 为第一阶段蒸发所需时间，d，$t_1 = \mathrm{REW}/E_{\mathrm{so}} = 3.4\mathrm{d}$；$E_{\mathrm{so}}$ 为潜在土壤蒸发速率，mm/d；ET_0 为初期参考作

物需水量的平均值，mm。

中期作物系数 K_{cmid} 和后期作物系数 K_{cend} 依据世界粮农组织推荐的标准取得，当作物生长中、后期 $u_2 \neq 2.0\text{m/s}$，$\text{RH}_{min} \neq 45\%$ 时，采用式(5-21)进行调整：

$$K_c = K_{c(\text{推荐})} + \left[0.04(u_2 - 2) - 0.004(\text{RH}_{min} - 45) \right] \left(\frac{h}{3} \right)^{0.3} \qquad (5\text{-}21)$$

式中，RH_{min} 为计算生育期内每日最小相对湿度的平均值，%，范围为 $20\% \leqslant \text{RH}_{min} \leqslant 80\%$；$u_2$ 为 2m 高处的日平均风速，m/s，$1\text{m/s} \leqslant u_2 \leqslant 6\text{m/s}$；$h$ 为平均株高，m，范围为 $0.1\text{m} \leqslant h < 10\text{m}$。

蒸渗仪法是基于水量平衡原理而来的植物蒸散量测定方法，是一种直接测定的方法，影响因素很多，故误差来源较多。本节试验是在遮雨棚下完成，土壤具有斥水性，与 FAO-56 中的单作物系数法计算条件有一定的差别。因此，单作物系数 $K_{c,\text{单}}$ 采用如下公式计算：

$$K_{c,\text{单}} = \frac{\text{ET}_{c,\text{实测}}}{\text{ET}_0} \qquad (5\text{-}22)$$

式中，$K_{c,\text{单}}$ 为单作物系数；$\text{ET}_{c,\text{实测}}$ 为蒸渗仪实测的逐日蒸散量，mm。

3. 双作物系数法

双作物系数法包括基础作物系数 K_{cb} 和土壤蒸发系数 K_e 两部分(Allen et al., 1998)，计算公式为

$$\text{ET}_{c,\text{双}} = (K_{cb} K_s + K_e) \text{ET}_0 \qquad (5\text{-}23)$$

式中，K_s 为土壤水分胁迫系数，充分供水条件下为 1。式(5-23)适用于作物生长的 4 个阶段。

FAO-56 中推荐的夏玉米生长初期、中期和后期作物系数分别为 $K_{cbini} = 0.15$，$K_{cbmid} = 1.15$，$K_{cbend} = 0.15$。夏玉米到生长发育中、后期，当 $u_2 \neq 2.0\text{m/s}$、最小相对湿度 $\text{RH}_{min} \neq 45\%$、$K_{cb} > 0.45$ 时，K_{cbmid} 和 K_{cbend} 做如下调整：

$$K_{cb} = K_{cb(\text{推荐})} + \left[0.04(u_2 - 2) - 0.004(\text{RH}_{min} - 45) \right] \left(\frac{h}{3} \right)^{0.3} \qquad (5\text{-}24)$$

在较大降水或灌溉后地表土壤湿润时，K_e 逐渐变大直到增大到最大值；当表土干燥时，K_e 很小，甚至为零。土壤蒸发系数可用式(5-25)确定：

$$K_e = K_r (K_{cmax} - K_{cb}) \leqslant f_{ew} K_{cmax} \qquad (5\text{-}25)$$

式中，K_{cmax} 为灌溉后作物系数的最大值；K_r 为由累积蒸发水深决定的表层土壤蒸发衰减系数；f_{ew} 为发生棵间蒸发的土壤占全部土壤的比例。

降水或灌溉后作物系数的最大值 K_{cmax} 由式(5-26)计算:

$$K_{cmax} = max\left\{\left\{1.2+\left[0.04(u_2-2)-0.004(RH_{min}-45)\right]\left(\frac{h}{3}\right)^{0.3}\right\},\left\{K_{cb}+0.05\right\}\right\}$$

(5-26)

式中, h 为夏玉米在每个计算时段内最大株高的平均值, m。

4. 误差评价指标

采用相关系数(R^2)、相对均方根误差(RRMSE)和纳什效率系数(NSE)对单作物系数法、双作物系数法模拟 ET_c 的适用性进行分析。以单作物系数法为例,计算过程参见式(4-5)～式(4-7)。

5.3.2　计算结果

1. 气象要素及参考作物蒸散量计算结果

夏玉米生育期内气象数据来自杨凌气象站。夏玉米生育期内日气象要素的动态变化如图 5-21 所示。

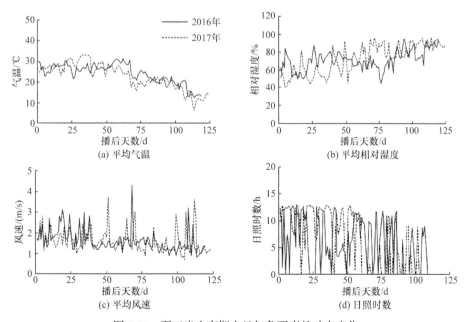

图 5-21　夏玉米生育期内日气象要素的动态变化

ET_0 在夏玉米生育期内的变化如图 5-22 所示。

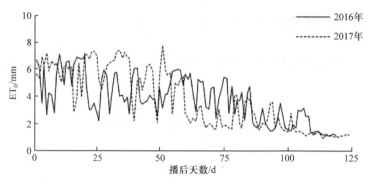

图 5-22 ET₀ 在夏玉米生育期内的变化

可见，两年度夏玉米生育期内 ET₀ 波动不大，2016 年和 2017 年夏玉米全生育期分别为 118d 和 123d，生育期内总 ET₀ 分别为 451.94mm 和 464.31mm。

2. 不同处理夏玉米各生长阶段的划分

夏玉米的生长初期从播种日期开始到地表盖度为 10%结束，发育期为地表盖度 10%到地面被有效全覆盖，生长中期为地表有效全覆盖到夏玉米开始成熟，生长后期从夏玉米开始成熟到完全衰老为止。根据试验过程中记录的作物实际生长状况，不同处理夏玉米各生长阶段的划分如表 5-10 所示。

表 5-10 不同处理夏玉米各生长阶段的划分 （单位：d）

年份	处理	生长初期	发育期	生长中期	生长后期	全生育期
	CK	20	42	30	20	112
	WR1	22	43	32	21	118
2016	WR2	22	43	33	20	118
	WR3	24	45	33	16	118
	WR4	24	45	34	15	118
	CK	20	42	33	20	115
	WR1	22	45	35	21	123
2017	WR2	23	46	36	18	123
	WR3	24	48	36	15	123
	WR4	24	48	37	14	123

由表 5-10 可知，各斥水处理的生长阶段大多比 CK 处理延后，2016 年生长初期各个斥水处理分别比 CK 处理延后了 2d、2d、4d 和 4d，2017 年为 2d、3d、4d 和 4d，说明土壤 SWR 对夏玉米生育期长度的影响从播种持续到收获，贯穿整个生育期。各个斥水处理发育缓慢，但为了后续试验的开展统一了收获日期，使生

长后期均较短。

3. 单作物系数法的计算值与实测值对比

单作物系数 K_c 采用分段单值平均法来计算,将生长初期的作物系数记为 K_{cini};中期记为 K_{cmid};后期记为 K_{cend},在四个不同生育阶段的 $K_{c,单}$ 在夏玉米的生育期内形成折线图。根据 FAO-56 推荐的单作物系数计算公式计算的两年度 K_c,单作物系数 K_c 变化如图 5-23 所示。

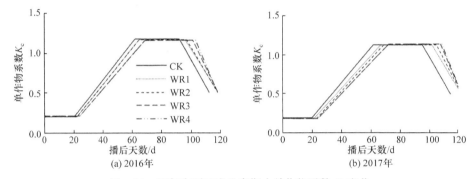

图 5-23　两年度夏玉米生育期内单作物系数 K_c 变化

根据计算结果,2016 年各处理的 K_{cini}、K_{cmid} 和 K_{cend} 分别为 0.20、1.17 和 0.51 左右,2017 年各处理的 K_{cini}、K_{cmid} 和 K_{cend} 分别为 0.18、1.12 和 0.48 左右,两年度区别不大,且与夏玉米实际生长状况不符,说明遮雨棚下试验不宜用 FAO-56 推荐的方法来计算单作物系数。

根据蒸渗仪实测值,计算各处理修正的单作物系数结果见图 5-24。2016 年度的夏玉米生长状况比 2017 年好,且 CK 处理的单作物系数大于各斥水处理,符合实际。在夏玉米生长初期,单作物系数 K_{cini} 均小于 1,各处理间相差不大,这是因为夏玉米长势相近,发育速度均较缓慢。进入快速生长期后,夏玉米生长速度

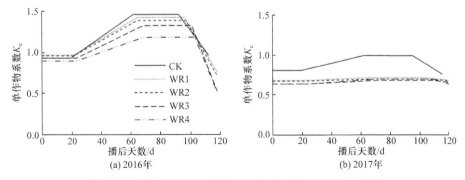

图 5-24　两年度夏玉米生育期内修正的单作物系数 K_c 变化

变快，各处理也开始呈现较明显的差异，各斥水处理的生长速度比 CK 处理慢，说明斥水性影响作物生长，且斥水程度越重影响越大。

　　为了将作物系数与土壤斥水性建立联系，将 2016 年和 2017 年不同阶段作物系数 K_c 的平均值与初始 WDPT 进行拟合，不同阶段单作物系数随初始 WDPT 的变化结果如图 5-25 所示。

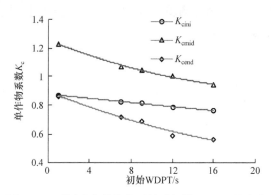

图 5-25　不同阶段单作物系数随初始 WDPT 的变化

　　分析发现，K_c 和 SWR 之间存在一定规律，可用二次多项式表达，通用公式为

$$K_{c,单}^{i} = b^{i}A^{2} + c^{i}A + d^{i} \tag{5-27}$$

式中，$K_{c,单}^{i}$ 为第 i 个生长阶段的单作物系数；A 为初始 WDPT，s；b^{i}、c^{i} 和 d^{i} 为不同生长阶段的拟合参数。

　　不同阶段单作物系数与初始 WDPT 的拟合参数见表 5-11。可知，夏玉米不同生育阶段的单作物系数与初始 WDPT 的拟合结果较好，R^2 均在 0.97 以上。因此，可以用拟合结果对单作物系数进行校正：

$$ET_{c,单}^{i} = \left(b^{i}A^{2} + c^{i}A + d^{i}\right)ET_{0} \tag{5-28}$$

表 5-11　不同阶段单作物系数与初始 WDPT 的拟合参数

生长阶段	b	c	d	R^2
初期	3×10^{-5}	−0.0076	0.8779	0.9949
中期	6×10^{-4}	−0.0288	1.2552	0.9941
后期	5×10^{-4}	−0.0288	0.8951	0.9796

　　为了验证该方法的适用性，用拟合所得的 3 个方程计算出两年度夏玉米各生长阶段 $ET_{c,单}$ 与夏玉米生育期内 $ET_{c,实测}$ 的 5 天平均值，并与实测值进行对比，两

年度不同处理下单作物系数法计算值与实测值的对比见图 5-26。

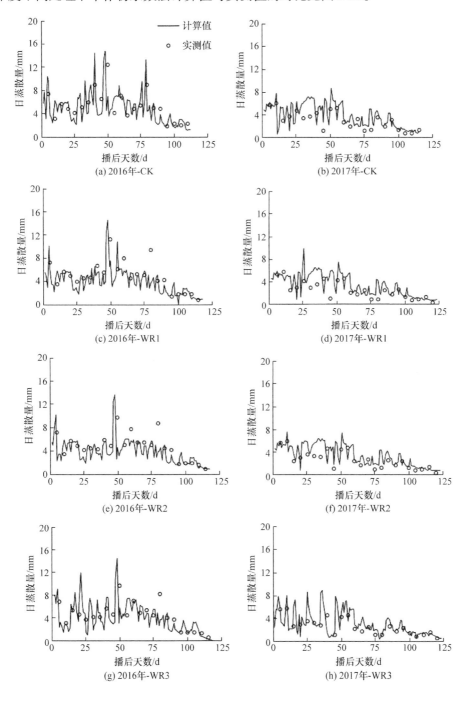

(a) 2016年-CK

(b) 2017年-CK

(c) 2016年-WR1

(d) 2017年-WR1

(e) 2016年-WR2

(f) 2017年-WR2

(g) 2016年-WR3

(h) 2017年-WR3

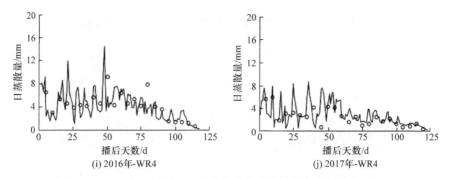

图 5-26 两年度不同处理下单作物系数法计算值与实测值的对比

由图 5-26 可以看出,各处理夏玉米生育期内的单作物系数法的计算值与实测值较为符合。用式(5-29)计算各生长阶段的相对偏差:

$$\delta_{\text{单}}^{i} = \frac{\text{ET}_{\text{c,单}}^{i} - \text{ET}_{\text{c,实测}}^{i}}{\text{ET}_{\text{c,实测}}^{i}} \times 100\% \tag{5-29}$$

式中, $\delta_{\text{单}}^{i}$ 为夏玉米生育期内第 i 个阶段的单作物系数法的计算值与实测值的相对偏差; $\text{ET}_{\text{c,单}}^{i}$ 为第 i 个阶段的单作物系数法的计算值; $\text{ET}_{\text{c,实测}}^{i}$ 为第 i 个阶段蒸渗仪所测的实测值。

各生育阶段单作物系数法计算值与实测值的相对偏差见表 5-12。

表 5-12 各生育阶段单作物系数法计算值与实测值的相对偏差 (单位:%)

年份	处理	生长初期	发育期	生长中期	生长后期	全生育期
	CK	7.07	−10.70	8.13	7.62	−5.59
	WR1	−6.90	−17.52	−25.17	10.85	−15.97
2016	WR2	−6.67	−20.67	−24.96	21.79	−16.91
	WR3	−16.17	−22.17	−23.80	55.57	−18.95
	WR4	−14.85	−22.43	−21.98	51.82	−18.49
	CK	−1.75	45.52	24.33	30.73	27.17
	WR1	15.08	39.26	50.66	31.80	34.14
2017	WR2	18.13	34.87	49.77	18.08	31.87
	WR3	8.26	26.79	48.37	21.39	24.78
	WR4	16.61	32.62	35.38	21.40	27.82

由表 5-12 可以看出:在生长初期,各处理的相对偏差较小,到了发育期、生长中期和生长后期,相对偏差增大。2016 年单作物系数法的计算值与实测值的相

对偏差普遍低于 2017 年，说明 2016 年计算值与实测值更接近。

4. 双作物系数法的计算值与实测值对比

计算的基础作物系数分别为 $K_{cbini} = 0.15$、$K_{cbmid} = 1.12$、$K_{cbend} = 0.15$，夏玉米生育期内双作物系数变化如图 5-27 所示。

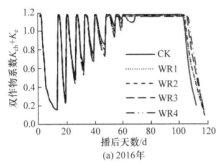 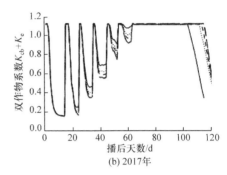

图 5-27　夏玉米生育期内双作物系数变化

两年度的 $K_{cb} + K_e$ 在夏玉米生育期内的变化趋势基本一致，产生变化的原因可能是两年度的田间管理有所不同。由于双作物系数法在计算过程中考虑了土壤湿润面的问题，每次灌水后 $K_{cb} + K_e$ 均会明显增加。在生长初期，夏玉米长势相似，各处理的 $K_{cb} + K_e$ 基本相同。在发育期，每次灌水后，夏玉米以最大 $K_{cb} + K_e$ 蒸发一段时间后，$K_{cb} + K_e$ 随着土体表面水分的减少逐渐减小，直至下一次灌水达到最大值；随着土壤斥水程度的增加，夏玉米生长速度降低，ET_c 相应减小，$K_{cb} + K_e$ 的最小值也依次减小。$K_{cb} + K_e$ 达到稳定的最大值时，夏玉米进入生长中期，即灌浆期，夏玉米植株的各生长指标，株高、茎粗和叶面积均达到生育期内的最大值，以最大速率进行蒸腾。当进入生长后期时，夏玉米开始枯萎，叶面积减小，ET_c 减小，因此 $K_{cb} + K_e$ 也逐渐减小，且 SWR 越大，$K_{cb} + K_e$ 越小。

计算所得的 $K_{cb} + K_e$ 与实际值有一定差异，而双作物系数法不涉及具体地区或试验设计的计算，因此需要根据蒸渗仪测得的 $ET_{c,实测}$ 对计算得到的 $ET_{c,双}$ 进行修正。

引入修正系数 α，其值取为四个不同生育阶段 $ET_{c,实测}$ 与计算得到的 $ET_{c,双}$ 商的平均值。将两年度各生长阶段 α 的平均值与初始 WDPT 进行拟合，不同阶段 $ET_{c,双}$ 的修正系数随初始 WDPT 的变化如图 5-28 所示。

经分析，夏玉米不同生长阶段 $ET_{c,双}$ 与初始 WDPT 的关系可用二项式准确表示，通用关系式为

$$\alpha^i = e^i A^2 + f^i A + g^i \tag{5-30}$$

式中，α^i 为第 i 个生长阶段的修正系数；A 为各处理的初始 WDPT，s；e^i、f^i 和 g^i 为第 i 个生长阶段的拟合参数。

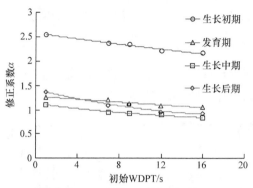

图 5-28　不同阶段 $ET_{c,双}$ 的修正系数随初始 WDPT 的变化

不同阶段 $ET_{c,双}$ 的修正系数与初始 WDPT 的拟合参数见表 5-13。

表 5-13　不同阶段 $ET_{c,双}$ 的修正系数与初始 WDPT 的拟合参数

生长阶段	e	f	g	R^2
生长初期	$2×10^{-4}$	-0.0301	2.5833	0.9792
发育期	$8×10^{-5}$	-0.0157	1.2815	0.9322
生长中期	$6×10^{-4}$	-0.0274	1.1297	0.9917
生长后期	$1.2×10^{-3}$	-0.051	1.4181	0.9565

　　由表 5-13 可知,夏玉米不同阶段 $ET_{c,双}$ 的修正系数与初始 WDPT 的拟合结果较好,R^2 均在 0.93 以上。因此,该结果可用于对双作物系数法进行校正:

$$ET_{c,双}^i = \left(e^i A^2 + f^i A + g^i \right) \left(K_{cb} + K_e \right) ET_0 \tag{5-31}$$

　　为了验证该方法的适用性,基于式(5-31)计算出两年度的夏玉米各生长阶段 $ET_{c,双}$ 与夏玉米生育期内 $ET_{c,实测}$ 的 5 天平均值对比,两年度不同处理下双作物系数法计算值与实测值的对比结果如图 5-29 所示。

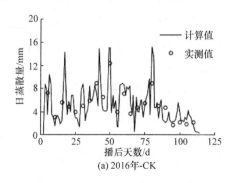

(a) 2016年-CK

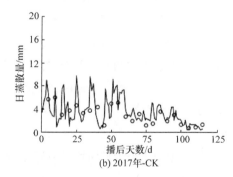

(b) 2017年-CK

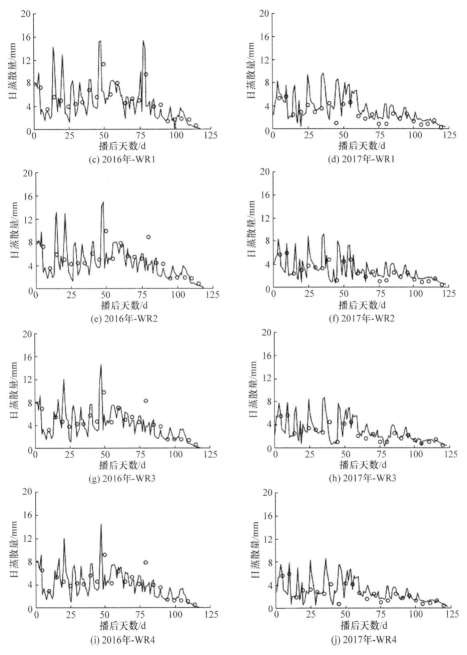

图 5-29 两年度不同处理下双作物系数法计算值与实测值的对比

各个处理的夏玉米生育期内的双作物系数法的计算值与实测值较为符合,计算各生长阶段相对偏差的公式为

$$\delta_{双}^{i} = \frac{ET_{c,双}^{i} - ET_{c,实测}^{i}}{ET_{c,实测}^{i}} \times 100\% \tag{5-32}$$

式中，$\delta_{双}^{i}$ 为夏玉米生育期内第 i 个阶段的双作物系数法的计算值与实测值的相对偏差；$ET_{c,双}^{i}$ 为第 i 个阶段的双作物系数法的计算值；$ET_{c,实测}^{i}$ 为第 i 个阶段蒸渗仪所测的实测值。

各生育阶段双作物系数法计算值与实测值的相对偏差见表 5-14。由表 5-14 可以看出，在生长初期，两年度各处理双作物系数法计算值与实测值的相对偏差较小；到了发育期，2016 年相对偏差小于 2017 年。在生长中期和生长后期，两年度的相对偏差均较大。整体来看，2016 年的计算值与实测值更为接近。

表 5-14　各生育阶段双作物系数法计算值与实测值的相对偏差　　　（单位：%）

年份	处理	生长初期	发育期	生长中期	生长后期	全生育期
2016	CK	3.37	−1.10	−1.23	30.52	1.80
	WR1	14.60	−4.89	−4.59	3.74	−0.38
	WR2	15.54	−0.93	−21.72	23.02	−2.13
	WR3	5.78	−6.03	−21.01	45.79	−5.59
	WR4	8.10	−4.77	−19.29	50.71	−3.83
2017	CK	−6.26	23.86	25.32	34.98	16.90
	WR1	4.05	49.93	50.28	45.33	36.85
	WR2	−4.28	12.29	50.35	38.27	15.59
	WR3	−2.04	34.83	29.12	31.90	22.28
	WR4	−12.90	38.05	36.20	30.96	21.66

5. 单、双作物系数法的结果对比

为了更直观地看出单、双作物系数法的拟合结果，不同处理下夏玉米 ET_c 计算值($ET_{c,修正}$)与实测值对比如图 5-30 所示。双作物系数法得到的计算值与实测值的拟合情况较好，各数据点均在 1∶1 线附近。

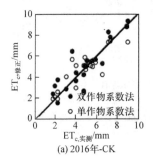
(a) 2016年-CK

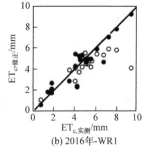
(b) 2016年-WR1

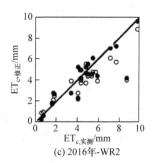
(c) 2016年-WR2

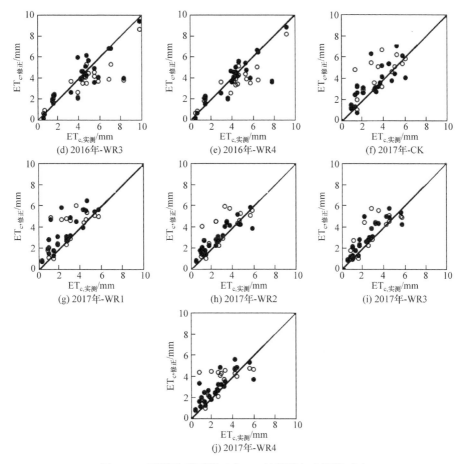

图 5-30 不同处理下夏玉米 ET_c 计算值与实测值对比

利用相关系数 R^2、相对均方根误差 RRMSE 和纳什效率系数 NSE 对单、双作物系数法计算结果的准确度进行评价,单、双作物系数法估算 ET_c 的统计参数计算结果如表 5-15 所示。可以看出两年度单作物系数法和双作物系数法的计算结果都较准确,两年度各初始 SWR 处理的 R^2 均在 0.7 以上,说明修正后的单、双作物系数法对于斥水性土壤也适用,SWR 的存在使蒸散量的计算结果出现一定偏差,且这种偏差随初始 WDPT 的增加有所增大。

表 5-15 单、双作物系数法估算 ET_c 的统计参数

年份	处理	单作物系数法			双作物系数法		
		R^2	RRMSE/%	NSE	R^2	RRMSE/%	NSE
	CK	0.909	20.5	0.818	0.917	19.2	0.839
2016	WR1	0.884	30.3	0.700	0.944	18.5	0.889
	WR2	0.881	30.1	0.670	0.857	27.4	0.726

续表

年份	处理	单作物系数法			双作物系数法		
		R^2	RRMSE/%	NSE	R^2	RRMSE/%	NSE
2016	WR3	0.860	33.3	0.614	0.841	29.5	0.697
	WR4	0.854	33.5	0.609	0.869	26.7	0.752
2017	CK	0.766	45.4	0.238	0.756	40.9	0.381
	WR1	0.780	54.3	0.208	0.808	54.7	0.196
	WR2	0.744	51.1	0.222	0.830	34.5	0.646
	WR3	0.759	47.0	0.354	0.807	41.9	0.487
	WR4	0.730	51.2	0.291	0.805	42.4	0.514

5.4　斥水性土壤中夏玉米的根系吸水模拟

根系吸水是作物生长过程一个重要的环节。本节基于 2016 年和 2017 年两年度斥水性土壤中夏玉米种植试验，应用 HYDRUS-1D 根据 2016 年试验数据对土壤水力参数进行反算，2017 年的试验数据进行土壤水力参数验证。对斥水性土壤中夏玉米生长过程根系吸水进行模拟，根据水量平衡确定夏玉米生长过程的土壤蒸发量，分析土壤斥水性造成夏玉米产量下降可能的原因。

5.4.1　HYDRUS-1D 模型模拟

1. 模型原理

HYDRUS-1D 模型可以根据试验数据对土壤水力参数进行反算，目标函数采用 Levenberg-Marquardt 非线性最小化方法，目标函数定义为(Šimunek et al., 2012)

$$
\begin{aligned}
\Phi(b,q,p) = & \sum_{j=1}^{m_q} v_j \sum_{i=1}^{n_{q_j}} w_{i,j} \left[q_j^*(x,t_i) - q_j(x,t_i,b) \right]^2 \\
& + \sum_{j=1}^{m_q} \bar{v}_j \sum_{i=1}^{n_{p_j}} \bar{w}_{i,j} \left[p_j^*(\theta_i) - p_j(\theta_i,b) \right]^2 \\
& + \sum_{j=1}^{n_b} \hat{v}_j (b_j^* - b_j)^2
\end{aligned} \tag{5-33}
$$

式中，$\sum_{j=1}^{m_q} v_j \sum_{i=1}^{n_{q_j}} w_{i,j} \left[q_j^*(x,t_i) - q_j(x,t_i,b) \right]^2$ 为实测值和计算值在时间和空间上的偏差，如观测不同深度或不同时刻的水势和含水量、不同时刻的累积入渗量等；m_q 是实测值的数量；n_{q_j} 是实测值中特定值的数量；$q_j^*(x,t_i)$ 是 t_i 时刻第 j 个节点的实测值；

$q_j(x,t_i,b)$ 是优化参数 b(土壤水力参数)的向量对应的模型预测；v_j 和 $w_{i,j}$ 是特定点

的权重；$\sum_{j=1}^{m_q} \bar{v}_j \sum_{i=1}^{n_{p_j}} \bar{w}_{i,j} \left[p_j^*(\theta_i) - p_j(\theta_i,b) \right]^2$ 为土壤水力特性(水分特性曲线、导水率、

扩散率等)实测值和预测值之间的差异，这里表示土壤水力特性；$\sum_{j=1}^{n_b} \hat{v}_j (b_j^* - b_j)^2$ 为

补偿函数。

HYDRUS-1D 反算输入数据操作界面见图 5-31。

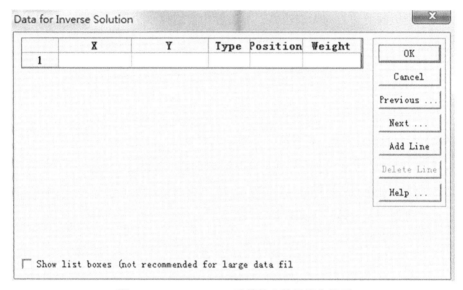

图 5-31　HYDRUS-1D 反算输入数据操作界面

对于反算数据类型(Type)可输入数字 0～15，各数值的含义分别为：

0 表示指定边界的累积边界通量(不模拟水流时的溶质通量)；1 表示特定观察点的压力水头；2 表示特定观察点的含水量；3 表示指定边界的边界通量(不模拟水流时的溶质通量)；4 表示特定观察点的浓度(温度)；5 表示测定的水势函数；6 表示测定的导水率函数；7 表示参数 α 的先验知识；8 表示参数 n 的先验知识；9 表示参数 θ_r 的先验知识；10 表示参数 θ_s 的先验知识；11 表示参数 K_s 的先验知识；12 表示某一时刻某个点的水势；13 表示某一时刻某个点的含水量；14 表示某一时刻某个点的浓度；15 表示某一时刻某个点的动态吸收浓度。

所选的类型不同，第一列的 X 也不同。对于 0、1、2、3 和 4，X 为时间；对于 5 和 6，X 为压力水头；对于 7、8、9、10 和 11，X 为虚拟参数；对于 12、13、14 和 15，X 为深度(负值)。

第二列的 Y 根据所选的 X 不同设置为观测数据。当 Type 设为 2，Position 设

为 0 时，Y 为整个模拟剖面的平均含水量；当 Type 设为 4，Position 设为 0 时，Y 为整个模拟剖面的溶质的含量。

Position 根据 Type 而设置，当 Type 为 1、2 和 4 时，Position 为观测点节点；当 Type 为 0 和 3 时，Position 为指定节点代码；当 Type 为 5、6、7、8、9、10 和 11 时，Position 为土壤质地类型数；当 Type 为 12、13、14 和 15 时，Position 为输出时间。

由于两年度夏玉米蒸发试验在生育期内利用土钻取土，测定土壤含水量，反算的 Type 设为 13，X 为取土深度，Y 为含水量，Position 为取土时间。

模型模拟的上边界为大气边界，下边界为自由排水边界，控制方程和初始条件写为

$$\begin{cases} \dfrac{\partial \theta_v}{\partial t} = \dfrac{\partial}{\partial z}\left[K(h)\left(\dfrac{\partial h}{\partial z} - 1 \right) \right] - S \\ h\,(z,0) = h_i(z) \end{cases} \tag{5-34}$$

式中，S 为根系吸水量，$cm^3/(cm^3 \cdot min)$，可表示为

$$S(h) = A(h)B(z)T_p \tag{5-35}$$

式中，$A(h)$ 是描述 h 的无量纲函数 $(0 \leqslant A \leqslant 1)$，反应水分胁迫对根系吸水的影响，由临界水势划分为分段线性函数：

$$A(h) = \begin{cases} \dfrac{h - h_1}{h_2 - h_1}, & h_1 \geqslant h > h_2 \\ 1, & h_2 \leqslant h \leqslant h_3 \\ \dfrac{h - h_4}{h_3 - h_4}, & h_3 > h > h_4 \\ 0, & h \leqslant h_4 \text{ 或 } h > h_1 \end{cases} \tag{5-36}$$

式中，h_1 为厌氧点，h_4 为凋零点，根系吸水的最优区间为 $h_2 - h_3(h_4 < h_3 < h_2 < h_1)$。

$B(z)$ 为标准化根系吸水分布函数，cm^{-1}；T_p 为潜在蒸腾速率，mm/d，由式(5-37)计算：

$$T_p = ET_p - E_p \tag{5-37}$$

式中，ET_p 为作物潜在蒸散速率，mm/d；E_p 为潜在蒸发速率，mm/d。

E_p 的计算公式为

$$E_p = ET_p e^{-k\text{LAI}} \tag{5-38}$$

式中，k 无量纲冠层辐射衰减系数，取 0.4(吴元芝等，2011)；逐日 LAI 和积温的

关系式由三参数高斯方程拟合得到：

$$\text{LAI} = C_1 \times e^{[-0.5(\text{CT}-C_0)/C_2]^2} \tag{5-39}$$

式中，CT 为积温，℃；C_0、C_1 和 C_2 为关系系数。

2. 土壤水力参数反算、验证及模拟

5 个处理(CK、WR1、WR2、WR3 和 WR4)的土壤水力参数 α、n 和 K_s 由 HYDRUS-1D 根据 2016 年的土钻水分数据反算得到(Dafny et al.，2016；Hopmans et al.，2002)，然后对应用 2017 年的土钻水分数据及每日土壤表层 0.5cm 处的含水量对土壤水力参数进行验证。土壤水力参数的反算率定和验证评价指标为 R^2、RRMSE 和 NSE。

整个土壤深度(45cm)的日含水量用于计算日贮水量，由于土箱置于遮雨棚下，无表面径流及深层渗漏，土箱内的水量平衡简化为

$$\text{ET}_a = \text{Irr} - \text{SWS} \tag{5-40}$$

式中，ET_a 为实际蒸散量，mm；Irr 为灌水量，mm；SWS 为土箱贮水量，mm。计算得到的 ET_a 与实测值进行对比。

实际的蒸腾量可由式(5-41)计算：

$$T_a = T_p \int_0^{L_r} A(h)B(z)\mathrm{d}z \tag{5-41}$$

式中，L_r 是根系长度，mm；无水分胁迫时，$T_a = T_p$。

实际蒸发量 E_a 可根据 ET_a 和 T_a 计算得到：

$$E_a = \text{ET}_a - T_a \tag{5-42}$$

土壤水力参数经过验证后，对试验很难观测到的 2016 年和 2017 年两年度夏玉米生育期内 10cm、20cm、30cm 和 40cm 剖面处的动态含水量、日根系吸水率和累积根系吸水量进行模拟。具体的试验处理 HYDRUS-1D 率定和验证过程变量见表 5-16。

表 5-16　HYDRUS-1D 率定和验证过程变量

过程	播后天数	年份	输入变量	输出变量
率定	26、47 和 68	2016	θ_v	α、n 和 K_s
验证	33、62 和 91	2017	率定 α、n 和 K_s	不同生长阶段 θ_v 垂直分布、日蒸散量
模拟	以上两个	2016 和 2017	率定 α、n 和 K_s	θ_v、根系吸水率和根系累积吸水量

5.4.2 结果与分析

1. LAI 拟合结果

2016 年和 2017 年两年度夏玉米生育期积温与 LAI 的高斯三参数拟合方程结果见图 5-32。

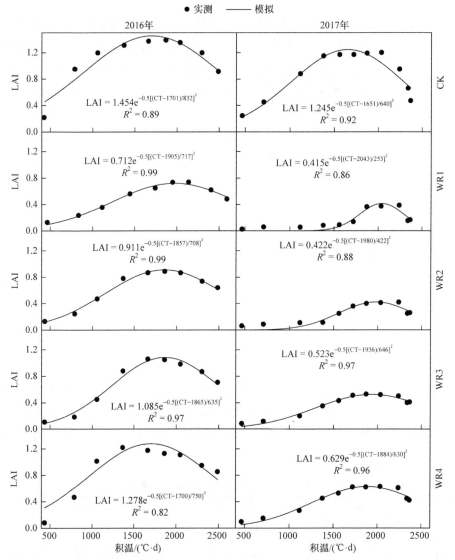

图 5-32 2016 年和 2017 年两年度夏玉米生育期积温与 LAI 的高斯三参数拟合方程

高斯方程拟合叶面积指数与积温关系系数见表 5-17。

表 5-17　高斯方程拟合叶面积指数与积温关系系数

试验处理	2016 年			2017 年		
	C_0	C_1	C_2	C_0	C_1	C_2
CK	1701	1.454	832	1651	1.245	640
WR1	1700	1.278	750	1884	0.629	630
WR2	1865	1.085	635	1936	0.523	646
WR3	1857	0.911	708	1980	0.422	422
WR4	1905	0.712	717	2043	0.415	253

从图 5-32 可以看出，积温和 LAI 的关系通过高斯三参数方程拟合的相关系数较高。对于 2016 年，CK 的 R^2 为 0.89，WR1 的 R^2 为 0.99，WR2 的 R^2 为 0.99，WR3 的 R^2 为 0.97，WR4 的 R^2 为 0.82；对于 2017 年，CK 的 R^2 为 0.92，WR1 的 R^2 为 0.86，WR2 的 R^2 为 0.88，WR3 的 R^2 为 0.97，WR4 的 R^2 为 0.96。利用高斯三参数拟合得到的逐日 LAI 值将输入 HYDRUS-1D 中用于根系吸水的模拟。

2. 逐日 ET_p、E_p 和 T_p

2016 年和 2017 年两年度 5 个试验处理的夏玉米生育期内的逐日 ET_p、E_p 和 T_p 计算结果见图 5-33。

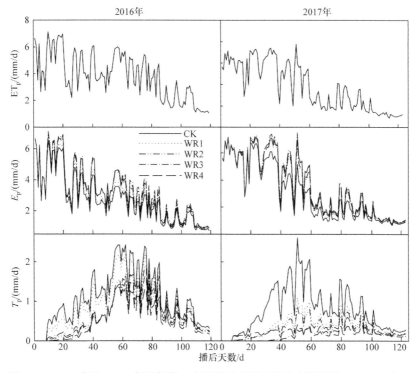

图 5-33　2016 年和 2017 年两年度 5 个试验处理夏玉米生育期逐日 ET_p、E_p 和 T_p

逐日 ET_p 在年际间变化，4 个斥水性处理(WR1、WR2、WR3 和 WR4)的 E_p 大于亲水处理(CK)，相应的斥水试验处理的 T_p 小于亲水处理，尤其是在 2017 年。

3. 土壤水力参数反算

实测与 HYDRUS-1D 反算率定得到的土壤水力参数列于表 5-18。

表 5-18　实测与 HYDRUS-1D 反算率定得到的土壤水力参数

处理	实测		反算		
	$\theta_r/(cm^3/cm^3)$	$\theta_s/(cm^3/cm^3)$	α /cm^{-1}	n	$K_s/(cm/d)$
CK	0.03	0.50	0.002	1.4	5.78
WR1	0.05	0.44	0.029	1.6	3.16
WR2	0.05	0.44	0.017	1.6	3.12
WR3	0.05	0.44	0.007	1.5	2.51
WR4	0.05	0.44	0.005	1.7	2.22

θ_s 在亲水试验处理和斥水试验处理中有所差异，α 在斥水性土壤中随着初始 WDPT 的增加而减小，n 为 1.4～1.7，K_s 随着初始 WDPT 的增加而减小。应用 HYDRUS-1D 率定 2016 年 5 个试验处理实测和模拟 θ_s 对比见图 5-34。

从图中可以看出，CK、WR1、WR2 和 WR3 试验处理的模拟效果较好，WR4 的模拟效果较差，CK 处理的含水量小于斥水处理。

2016 年播后第 27、48 和 69 天垂直剖面 θ_s 率定参数的效果见表 5-19。

表 5-19　2016 年播后第 27、48 和 69 天垂直剖面 θ_s 率定参数的效果

处理	CK			WR1			WR2			WR3			WR4		
播后天数/d	27	48	69	27	48	69	27	48	69	27	48	69	27	48	69
R^2	0.96	0.99	0.99	0.94	0.98	0.97	0.93	0.97	0.99	0.95	0.99	0.95	0.95	0.99	0.85
RRMSE/%	4.7	6.5	5.6	3.3	3.8	4.7	4.8	6.0	8.3	4.9	4.9	8.1	12.2	12.4	28.8
NSE	0.65	0.80	0.81	0.85	0.85	0.79	0.79	0.74	0.63	0.73	0.75	0.54	−0.10	0.48	−0.58

由表 5-19 可知，对于 CK 处理，播后 27 天的 R^2、RRMSE 和 NSE 分别为 0.96、4.7%和 0.65，播后 48 天的 R^2、RRMSE 和 NSE 分别为 0.99、6.5%和 0.80，播后 69 天的 R^2、RRMSE 和 NSE 分别为 0.99、5.6%和 0.81；对于 WR1 处理，播后 27 天的 R^2、RRMSE 和 NSE 分别为 0.94、3.3%和 0.85，播后 48 天的 R^2、RRMSE 和 NSE 分别为 0.98、3.8%和 0.85，播后 69 天的 R^2、RRMSE 和 NSE 分别为 0.97、4.7%和 0.79；对于 WR2 处理，播后 27 天的 R^2、RRMSE 和 NSE 分别为 0.93、4.8%和 0.79，播后 48 天的 R^2、RRMSE 和 NSE 分别为 0.97、6.0%和 0.74，播后 69 天的 R^2、RRMSE 和 NSE 分别为 0.99、8.3%和 0.63；对于 WR3 处

理，播后 27 天的 R^2、RRMSE 和 NSE 分别为 0.95、4.9%和 0.73，播后 48 天的 R^2、RRMSE 和 NSE 分别为 0.99、4.9%和 0.75，播后 69 天的 R^2、RRMSE 和 NSE

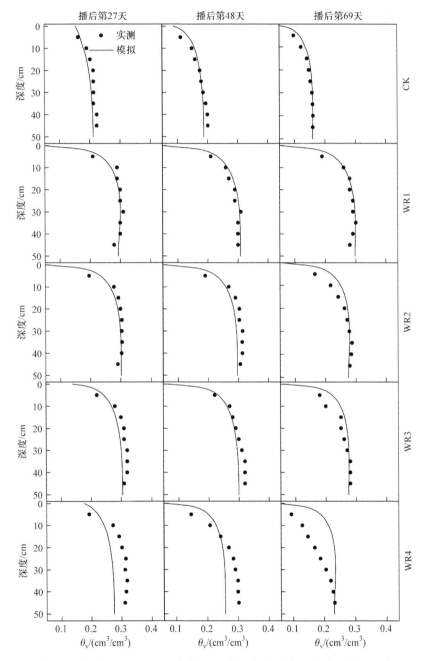

图 5-34　应用 HYDRUS-1D 率定 2016 年 5 个试验处理实测和模拟 θ_v 对比

分别为 0.95、8.1%和 0.54；对于 WR4 处理，播后 27 天的 R^2、RRMSE 和 NSE 分别为 0.95、12.2%和−0.10，播后 48 天的 R^2、RRMSE 和 NSE 分别为 0.99、12.4% 和 0.48，播后 69 天的 R^2、RRMSE 和 NSE 分别为 0.85、28.8%和−0.58。

　　各个试验处理的土壤水分特性曲线由反算可以得到，HYDRUS-1D 反算 5 个试验处理的土壤水分特性曲线结果见图 5-35。可以看出，在水势为−10000～0cm，亲水性土壤的饱和含水量大于斥水性土壤，对于斥水性土壤试验处理，水势随含水量的变化范围随着初始 WDPT 的增加而减小。

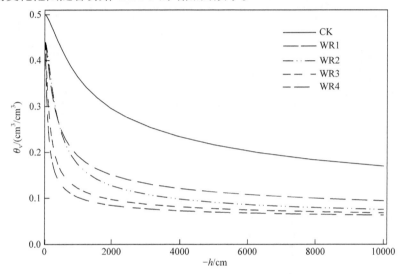

图 5-35　HYDRUS-1D 反算 5 个试验处理的土壤水分特性曲线

4. 土壤水力参数验证

　　为了验证土壤水力参数及评估 HYDRUS-1D 模拟斥水性土壤中夏玉米种植试验根系吸水的适用性，应用 HYDRUS-1D 验证 2017 年 5 个试验处理实测和模拟 θ_v 对比见图 5-36。

　　可以看出，验证土壤水力参数的不同播后天数的剖面含水量的实测值和模拟值的对比结果与率定土壤水力参数的过程类似，CK、WR1、WR2 和 WR3 这 4 个试验处理的结果较好，WR4 试验处理的模拟结果稍差。HYDRUS-1D 模拟 2017 年播后第 33、62 和 91 天垂直剖面 θ_v 验证参数效果评价见表 5-20。

表 5-20　HYDRUS-1D 模拟 2017 年播后第 33、62 和 91 天垂直剖面 θ_v 验证参数效果评价

处理	CK			WR1			WR2			WR3			WR4		
播后天数/d	33	62	91	33	62	91	33	62	91	33	62	91	33	62	91
R^2	0.99	0.99	0.91	0.96	0.99	0.96	0.96	0.95	0.91	0.97	0.99	0.97	0.96	0.99	0.97
RRMSE/%	10.4	8.9	8.0	5.3	4.9	3.8	4.5	4.8	7.5	5.4	2.6	4.0	7.1	14.0	19.4
NSE	0.99	0.99	0.99	0.99	0.99	0.99	0.99	0.99	0.99	0.99	0.99	0.99	0.99	0.98	0.95

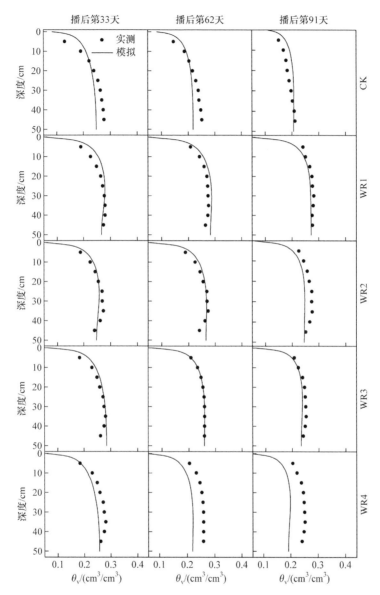

图 5-36　应用 HYDRUS-1D 验证 2017 年 5 个试验处理实测和模拟 θ_v 对比

由表 5-20 可知：对于 CK 处理，播后 33 天的 R^2、RRMSE 和 NSE 分别为 0.99、10.4%和 0.99，播后 62 天的 R^2、RRMSE 和 NSE 分别为 0.99、8.9%和 0.99，播后 91 天的 R^2、RRMSE 和 NSE 分别为 0.91、8.0%和 0.99；对于 WR1 处理，播后 33 天的 R^2、RRMSE 和 NSE 分别为 0.96、5.3%和 0.99，播后 62 天的 R^2、RRMSE 和 NSE 分别为 0.99、4.9%和 0.99，播后 91 天的 R^2、RRMSE 和 NSE 分

别为 0.96、3.8%和 0.99；对于 WR2 处理，播后 33 天的 R^2、RRMSE 和 NSE 分别
为 0.96、4.5%和 0.99，播后 62 天的 R^2、RRMSE 和 NSE 分别为 0.95、4.8%和
0.99，播后 91 天的 R^2、RRMSE 和 NSE 分别为 0.91、7.5%和 0.99；对于 WR3 处
理，播后 33 天的 R^2、RRMSE 和 NSE 分别为 0.97、5.4%和 0.99，播后 62 天的
R^2、RRMSE 和 NSE 分别为 0.99、2.6%和 0.99，播后 91 天的 R^2、RRMSE 和 NSE
分别为 0.97、4.0%和 0.99；对于 WR4 处理，播后 33 天的 R^2、RRMSE 和 NSE 分
别为 0.96、7.1%和 0.99，播后 62 天的 R^2、RRMSE 和 NSE 分别为 0.99、14.0%和
0.98，播后 91 天的 R^2、RRMSE 和 NSE 分别为 0.97、19.4%和 0.95。

2017 年实测和模拟 5 个试验处理土壤表层 0.5cm 的 θ_v 对比见图 5-37。

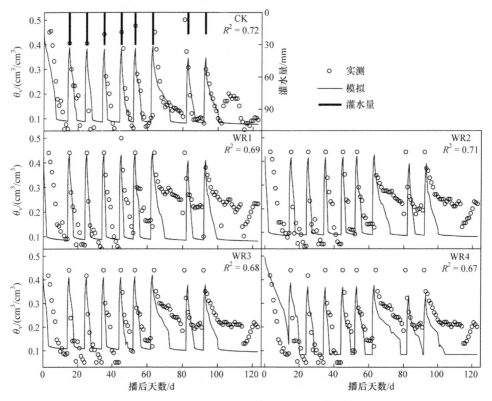

图 5-37　2017 年实测和模拟 5 个试验处理表层 0.5cm 的 θ_v 对比

各个处理每次灌溉后的表层含水量实测值大于模拟值，呈现出过饱和的现象。
CK、WR1、WR2、WR3 和 WR4 试验处理的表层含水量实测值和模拟值 R^2 分别
是 0.72、0.69、0.71、0.68 和 0.67。表层含水量实测值和模拟值之间的 R^2 较低的
主要原因是：①各个试验处理的土样 θ_s 均为固定值，是模拟过程中含水量所能达
到的最大值，而在试验过程中，灌溉之后表层会出现过饱和现象；②表层土壤水
分运移受多种外部环境因素和作物生长状况的影响；③HYDRUS-1D 模拟的含水

量介于 θ_r 和 θ_s 之间，这可能是模拟角度的一种理想范围，实际上土壤表层的含水量很有可能降低到更小的值。

2016 年和 2017 年两年度 5 个试验处理的逐日 ET_a 模拟和实测的对比见图 5-38。

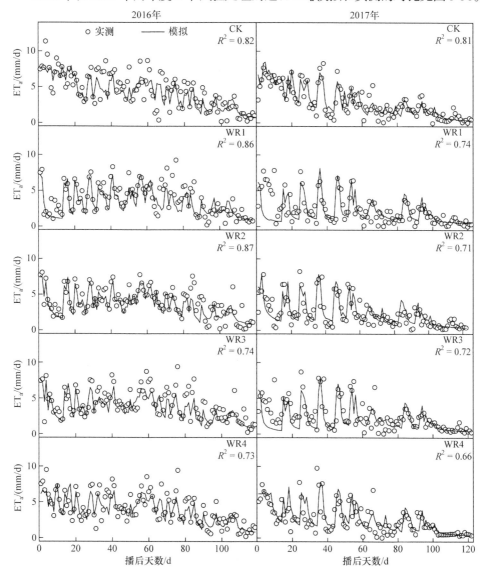

图 5-38　2016 年和 2017 年 5 个试验处理的逐日 ET_a 实测和模拟对比

整体上，实测值和模拟计算值吻合程度较高。对于 2016 年，CK、WR1、WR2、WR3 和 WR4 试验处理的 R^2 分别是 0.82、0.86、0.87、0.74 和 0.73；对于 2017 年，CK、WR1、WR2、WR3 和 WR4 试验处理的 R^2 分别是 0.81、0.74、0.71、0.72 和 0.66。

5. 深度范围 10～40cm 的逐日 θ_v 模拟

2016 年和 2017 年 5 个试验处理不同深度 θ_v 随时间的变化结果见图 5-39。

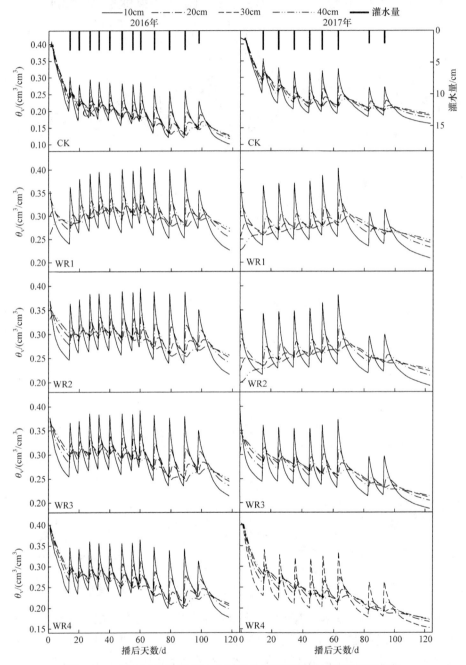

图 5-39　2016 年和 2017 年 5 个试验处理不同深度 θ_v 随时间的变化

可以看出，深层土壤和表层土壤 θ_v 的波动趋势一致，但是随着深度从 10cm 增加到 40cm，θ_v 的波动范围越来越小，10cm 深度的波动范围最大。θ_v 受灌水的影响较大，是因为土壤水分主要来自灌水。逐日的含水量变化很难由试验测得，因为在土箱或者田间布设多个探针会影响作物的生长，由 HYDRUS-1D 模拟的不同深度逐日含水量变化数据为进一步研究分析土壤水分蒸发等提供便捷的途径。

6. 逐日 E_a 计算

2016 年和 2017 年两年度夏玉米试验 5 个处理逐日 E_a 计算结果见图 5-40。

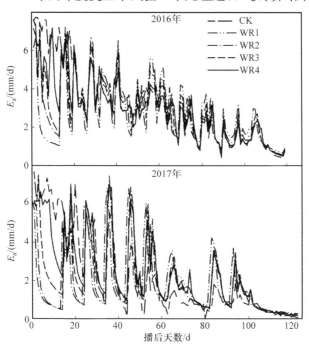

图 5-40 2016 年和 2017 年夏玉米试验 5 个处理逐日 E_a

对于 5 个试验处理，E_a 的波动受灌水的影响较大。整体上，在两年的夏玉米生育初期，即播后前 40 天左右，CK 处理的 E_a 最大，然后是 WR4、WR3、WR2 和 WR1。在播后 40 天以后，CK 处理的 E_a 降低到最小，这主要是因为在生育后期夏玉米的叶面积指数逐渐变大。对于 2016 年，CK、WR1、WR2、WR3 和 WR4 的 E_a 总量分别是 371mm、271mm、337mm、366mm 和 433mm。对于 2017 年，CK、WR1、WR2、WR3 和 WR4 的 E_a 总量分别是 233mm、199mm、200mm、245mm 和 285mm。

7. 逐日和累积根系吸水模拟

应用 HYDRUS-1D 对 2016 年和 2017 年斥水性土壤夏玉米试验的土壤水力参数进行反算后，经过验证，进一步用于模拟夏玉米生育期内逐日和累积根系吸水，

HYDRUS-1D 模拟 2016 年和 2017 年夏玉米试验逐日和累积根系吸水结果(根系吸水率和根系吸水量)见图 5-41。

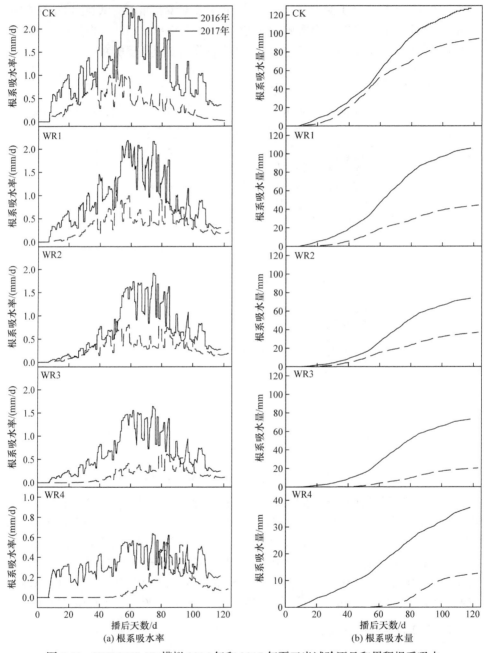

(a) 根系吸水率　　　　　　　　　(b) 根系吸水量

图 5-41　HYDRUS-1D 模拟 2016 年和 2017 年夏玉米试验逐日和累积根系吸水

对于 CK、WR1、WR2、WR3 和 WR4 试验处理，随着初始 WDPT 的增加，根系吸水率和根系吸水量呈现减小的趋势。逐日的根系吸水率在生长旺盛时期，即播后第 60～80 天左右达到峰值，尤其是 2016 年。2016 年，逐日的根系吸水率总体比 2017 年大，相应的累积根系吸水量比 2017 年大。2016 年各个试验处理最大的根系吸水率分别为 2.4mm、2.2mm、1.6mm、1.4mm 和 0.6mm，累积吸水量分别为 127mm、106mm、79mm、73mm 和 37mm；2017 年，各个试验处理最大的根系吸水率分别为 1.2mm/d、0.9mm/d、0.6mm/d、0.5mm/d 和 0.3mm/d，累积吸水量的最大值分别为 95mm、44mm、37mm、20mm 和 13mm。根系吸水用于维持夏玉米生长，对于斥水性试验处理，较弱的根系吸水对夏玉米的长势及产量产生较大的影响。模拟的结果表明，两年度 4 个斥水试验的根系吸水较弱，夏玉米在土壤中可吸收的水分很少，因此斥水性土壤中夏玉米的生长受到抑制。

HYDRUS-1D 被广泛应用于根系吸水的模拟研究。Hou 等(2016)模拟了夏玉米生育期内浅层地下水对根系吸水的贡献；Shouse 等(2011)应用 HYDRUS-1D 模拟咸水地下水中夏玉米的根系吸水，研究表明，实测值和模拟值高度吻合。在本章的研究中，应用 HYDRUS-1D 对斥水性土壤中夏玉米种植试验的含水量和根系吸水进行模拟分析，结果表明在斥水性土壤试验中，根系吸水较弱，土壤蒸发较强，对斥水性土壤中夏玉米产量下降在理论上进行了解释。

5.5　未来气候变化情景下夏玉米根系吸水过程模拟

土壤斥水性受许多因素的影响，包括土壤含水量、土壤温度、有机质含量、土壤质地、微生物等，其中，土壤含水量和温度对土壤斥水性的影响很大。气候变化已经是世界公认的客观事实，全球平均气温在 1880～2012 年间增加了 0.85℃，在 2100 年将增加 1.2～2℃。大气温度升高、降水减少及极端气象事件加剧将影响农业生产、生活方式、人类健康和安全，也将削弱环境提供重要资源和服务的能力。气候变化直接导致土壤温度升高，并通过改变降水量间接影响土壤水分条件，导致土壤斥水性增强。气候变化对斥水性土壤中的农作物生产尤其重要，然而，依靠田间试验来评估气候变化对植物生长的影响费时费力，通过试验结合模型模拟的方法可评估未来气候变化对斥水性土壤中作物生育期土壤水分运移的影响。

5.5.1　未来气候情景下气候变量预测

陕西武功(108°22′E, 34°28′N)距陕西杨凌 40 千米，两地的气候条件是相似的。杨凌的气象资料并不完整，而武功拥有至少 50 年的气象资料。1961～2100 年 28

个大气环流模式(general circulation model，GCM)的月最高温(T_{max})、最低温(T_{min})、降水量和净辐射(R_n)数据在 CMIP5 网站获得。CMIP5 中 28 个大气环流模式(GCM)的信息见表 5-21。

表 5-21   CMIP5 中 28 个大气环流模式的信息

模式	名称	缩写	国家	分辨率/(°)×(°)	模式	名称	缩写	国家	分辨率/(°)×(°)
1#	BCC-CSM1.1	BC1	中国	2.8 × 2.8	15	GFDL-ESM2G	GF3	美国	2.5 × 2
2	BCC-CSM1.1(m)	BC1	中国	1.1 × 1.1	16	GFDL-ESM2M	GF4	美国	2.5 × 2
3	BNU-ESM	BNU	中国	2.8 × 2.8	17	HadGEM2-AO	Ha5	韩国	1.87 × 1.25
4#	CanESM2	CaE	加拿大	2.8 × 2.8	18	INM-CM4	INC	俄罗斯	2.0 × 1.5
5#	CCSM4	CCS	美国	1.25 × 0.94	19	IPSL-CM5A-MR	IP2	法国	1.27 × 2.5
6	CESM1 (BGC)	CE1	美国	1.25 × 0.94	20	IPSL-CM5B-LR	IP3	法国	1.89 × 3.75
7#	CMCC-CM	CM2	欧洲	0.75 × 0.75	21	MIROC5	MI2	日本	1.4 × 1.4
8#	CMCC-CMS	CM3	欧洲	1.86 × 1.87	22	MIROC-ESM	MI3	日本	2.8 × 2.8
9#	CSIRO-MK3.6.0	CSI	澳大利亚	1.96 × 1.88	23	MIROC-ESM-CHEM	MI4	日本	2.8 × 2.8
10	EC-EARTH	ECE	欧洲	1.1 × 1.1	24	MPI-ESM-LR	MP1	德国	1.87 × 1.86
11	FIO-ESM	FIO	中国	2.8 × 2.8	25#	MPI-ESM-MR	MP2	德国	1.87 × 1.86
12	GISS-E2-H-CC	GE2	美国	2.5 × 2	26	MRI-CGCM3	MP3	日本	1.1 × 1.1
13#	GISS-E2-R	GE3	美国	2.5 × 2	27	NorESM1-M	NE1	挪威	2.5 × 1.9
14	GFDL-CM3	GF2	美国	2.5 × 2	28	NorESM1-ME	NE2	挪威	2.5 × 1.9

注：#表示选作进一步分析的模型。

采用基于天气发生器(Liu et al.，2012)的统计降尺度模型(NWAI-WG)对月尺度气候变量在时间和空间上降尺度为日值。对于空间降尺度，网格化的月 GCM 输出使用反距离加权方法插值，并应用偏差校正(Liu et al.，2012)；对于时间尺度，使用改进的随机天气发生器(weather generator，WGEN)(Richardson et al.，1984)将月度数据分解为日数据。

以往的研究用泰勒图评价了 28 个 GCM 的性能，泰勒图同时考虑了相关系数和标准偏差(Taylor，2001)。Wang 等(2016)将泰勒图的评价 S 值计算修改如下：

$$S = \frac{4(1+R)^2}{\left(\dfrac{\sigma_f}{\sigma_r} + \dfrac{\sigma_r}{\sigma_f}\right)^2 (1+R_0)^2}$$ (5-43)

式中，R 是相关系数；R_0 是 R 的最大值($R_0 = 0.999$)；σ_f 是模拟序列的标准差；σ_r 是观测序列的标准差。S 值越大，GCM 的效果越好。

武功站 1961～2000 年 GCM 的 T_{max} 和 T_{min} 的 S 值见表 5-22。根据 S 值，前 8 个 GCM($S > 0.45$)从表 5-21 所列的 28 种模型中选取。1981～2000 年观测的最高气温(T_{max})和最低气温(T_{min})分别为 18.9℃ 和 9.0℃，对应的 C_v 分别为 4.5 和 5.2。2030～2059 年和 2060～2089 年预测 T_{max} 和 T_{min} 变化(Δ，℃)的平均值偏差见表 5-23。

表 5-22　武功站 1961～2000 年 GCM 的 T_{max} 和 T_{min} 的 S 值

GCM	$S_{T_{max}}$	$S_{T_{min}}$	S_{ave}	GCM	$S_{T_{max}}$	$S_{T_{min}}$	S_{ave}
BC1	0.32	0.33	0.325	GF3	0.42	0.31	0.365
BC1	0.43	0.45	0.440	GF4	0.33	0.19	0.260
BNU	0.24	0.49	0.365	Ha5	0.35	0.38	0.365
CaE	0.38	0.53	0.455	INC	0.14	0.24	0.190
CCS	0.50	0.58	0.54	IP2	0.21	0.21	0.210
CE1	0.22	0.28	0.250	IP3	0.28	0.35	0.315
CM2	0.42	0.55	0.485	MI2	0.21	0.42	0.315
CM3	0.43	0.56	0.495	MI3	0.2	0.2	0.200
CSI	0.36	0.59	0.475	MI4	0.28	0.3	0.290
ECE	0.34	0.45	0.395	MP1	0.27	0.42	0.345
FIO	0.35	0.47	0.410	MP2	0.51	0.54	0.525
GE2	0.22	0.39	0.305	MP3	0.15	0.34	0.245
GE3	0.42	0.56	0.490	NE1	0.35	0.5	0.425
GF2	0.40	0.37	0.385	NE2	0.32	0.36	0.340

注：$S_{T_{max}}$ 为 T_{max} 的 S，$S_{T_{min}}$ 为 T_{min} 的 S，S_{ave} 为平均 S。

表 5-23　2030～2059 年和 2060～2089 年预测 T_{max} 和 T_{min} 变化的平均值偏差

GCM	项目	2030～2059 年		2060～2089 年	
		T_{max}/℃(CV/%)	T_{min}/℃(CV/%)	T_{max}/℃(CV/%)	T_{min}/℃(CV/%)
BC1	偏差/℃	0.01(3.0)	−0.2*(4.9)	—	—
	Δ/℃	1.4***(3.7)	0.8***(5.0)	2.1***(3.0)	1.3***(3.5)
CaE	偏差/℃	−0.1(2.3)	−0.2**(4.4)	—	—
	Δ/℃	2.2***(3.5)	1.4***(5.1)	3.0***(3.0)	2.0***(3.5)
CCS	偏差/℃	0.9(3.5)	−0.1(5.0)	—	—
	Δ/℃	1.8***(4.1)	0.7***(4.6)	2.6***(3.2)	0.9***(4.4)

GCM	项目	2030~2059 年		2060~2089 年	
		T_{max}/℃(CV/%)	T_{min}/℃(CV/%)	T_{max}/℃(CV/%)	T_{min}/℃(CV/%)
CM2	偏差/℃	−0.1(3.3)	−0.1(4.7)	—	—
	Δ/℃	2.0***(3.9)	1.3***(4.8)	3.1***(2.9)	2.2***(3.5)
CM3	偏差/℃	0.1(4.1)	−0.2(5.3)	—	—
	Δ/℃	1.4***(5.0)	1.2***(5.7)	2.9***(3.3)	2.2***(3.4)
CSI	偏差/℃	−0.1(3.4)	−0.2(5.9)	—	—
	Δ/℃	2.0***(4.4)	1.3***(6.1)	3.6***(3.3)	2.5***(2.8)
GE3	偏差/℃	−0.1(2.5)	−0.3**(5.2)	—	—
	Δ/℃	0.9***(3.2)	0.7***(5.2)	3.6***(3.3)	1.1***(3.8)
MP2	偏差/℃	−0.2(4.7)	−0.1(5.4)	—	—
	Δ/℃	2.9***(2.5)	−0.9***(3.8)	3.5***(2.7)	−0.5***(3.9)
平均偏差/℃		0.1 ± 0.4	−0.2 ± 0.1	—	—
基准期变异系数/%		3.3 ± 0.8	5.1 ± 0.5	—	—
平均 Δ/℃		1.8 ± 0.6	0.8 ± 0.7	3.1 ± 0.5	1.5 ± 1.0
预测期平均变异系数/%		3.8 ± 0.8	5.0 ± 0.7	3.1 ± 0.2	3.6 ± 0.5

注：*、**和***分别表示在 $P < 0.05$、$P < 0.01$ 和 $P < 0.001$ 水平有显著差异。

2030~2089 年 T_{max} 和 T_{min} 的偏差分别为−0.2~0.1℃和−0.3~−0.1℃。2030~2059 年 T_{max} 和 T_{min} 的平均预测变化值分别为 1.8℃和 0.8℃；2060~2089 年 T_{max} 和 T_{min} 的预测变化值分别为 3.1℃和 1.5℃。

利用选取的 GCM 数据，用 Priestley-Taylor 方程计算 ET_p，输入 HYDRUS 模型模拟不同斥水级别土壤中夏玉米生长的土壤含水量(θ_v)、贮水量(soil water storage，SWS)、根系吸水量(root water uptake，RWU)、蒸散量(ET_a)和蒸发量(E_a)。2030~2089 年划分为两个阶段：2030~2059 年和 2060~2089 年。本节选取了反映当前社会经济条件下辐射强迫和排放的代表性浓度路径(representative concentration pathway，RCP)中低(RCP 4.5)和高(RCP 8.5)排放情景。

5.5.2 模型应用

1. 利用 APSIM 模型模拟夏玉米生育期

APSIM 的玉米模块模拟了玉米作物在每日时间步长的生长。每个生长阶段(播种至发芽阶段除外)由热时间的积累决定。每天物候例程计算当天的热时间，

从 3h 的空气温度与每日最高和最低温度插值。热时间是根据 8 个 3h 的平均估计
来计算的，以获得当天的日热时间(以 12 个生长天数计算)。这些每日的热时间累
积成一个热时间总和，用来确定每个阶段的持续时间。利用 APSIM 软件获取了未
来夏玉米的生长期。没有考虑到水分胁迫。APSIM 灌溉模块允许用户配置根据土
壤水分计算的自动灌溉。

2. HYDRUS-1D 模型模拟基本理论

土壤容器总高度为 50cm，模拟高度为 45cm。边界条件分别设置为地表大气
边界条件和下边界自由排水。上界的自动灌溉是根据 APSIM 灌溉模块中的土壤
水分计算的。然后将灌水量作为 HYDRUS-1D 的输入量。共进行了 160 次模拟(2
个排放情景 × 8 个 GCM × 2 个时间段 × 5 个斥水处理)。Priestley-Taylor 方程计
算 ET_p：

$$ET_p = 1.26[\Delta/(\Delta+\gamma)](R_n - G)/\lambda \tag{5-44}$$

式中，G 为向下的地面热流，$MJ/(m^2 \cdot d)$，在日尺度 $G = 0$；λ 为水的汽化潜热，
MJ/kg。

3. 预测结果的不确定性分析

预测结果需量化气候变化对水分运移影响评估中的不确定性来源，包括 8 个
GCM、2 个排放情景(RCP)和 2 个时间段。采用方差分析(ANOVA)分析三个来源
及其交互项对预测 SWS、ET_a、RWU 和 E_a 的影响，将总方差划分为 7 个，计算
总平方和(SST)如下：

$$SST = SST_{GCM} + SST_{RCP} + SST_{Period} + SST_{GCM*RCP} + SST_{GCM*Period}$$
$$+ SST_{RCP*Period} + SST_{GCM*RCP*Period} \tag{5-45}$$

式中，SST_{GCM} 为气候模式的平方总和；SST_{RCP} 为排放情景的平方总和；SST_{Period}
为时期的平方总和；$SST_{GCM*RCP}$ 为气候模式与排放情景交互的平方总和；
$SST_{GCM*Period}$ 为气候模式与时期交互的平方总和；$SST_{RCP*Period}$ 为排放情景与时期
交互的平方总和；$SST_{GCM*RCP*Period}$ 为气候模式、排放情景和时期交互的平方总和。
不确定度分析在 R-Studio 3.3.5 中完成。

5.5.3 结果与分析

1. 气候变化对夏玉米生育期的影响

RCP 4.5 和 RCP 8.5 情景下 2030~2059 年和 2060~2089 年夏玉米生长期的
预测见图 5-42。与 1981~2000 年相比，RCP 4.5 和 RCP 8.5 情景下，2030~2059

年和 2060～2089 年夏玉米生长期呈现下降的趋势。

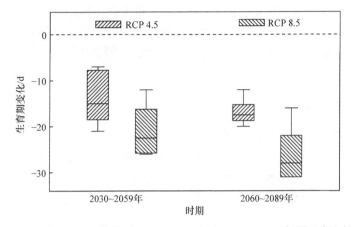

图 5-42　RCP 4.5 和 RCP 8.5 情景下 2030～2059 年和 2060～2089 年夏玉米生长期的预测

2030～2059 年，RCP 4.5 和 RCP 8.5 情景下的生长期分别减少了 12d 和 18d。2060～2089 年，RCP 4.5 情景下减少了 13d，RCP 8.5 情景下减少了 27d。

2. 潜在蒸散量的变化

RCP 4.5 和 RCP 8.5 情景 2030～2059 年和 2060～2089 年的累积和平均潜在蒸散量 ET_p 见表 5-24。玉米生育期的模拟累积 ET_p 从基准期(BL)的 543mm 下降到 2030～2059 年的 532mm 和 2060～2089 年的 529mm。与基线相比，在平均 8 个 GCM 的情况下，RCP 4.5 情景下，2030～2059 年的模拟 ET_p 下降了 11mm(2.0%)，在 RCP8.5 情景下下降了 7mm(1.3%)。相对于基准期，在 RCP 4.5 和 RCP 8.5 情景下，8 个 GCM 平均，2060～2089 年的模拟 ET_p 分别减少了 14mm(2.6%)和 22mm(4.1%)。在逐日 ET_p 方面，8 个 GCM 在 2030～2059 年和 2060～2089 年的 ET_p 几乎大于 1981～2000 年。与 2030～2059 年相比，RCP 4.5 和 RCP 8.5 情景的 ET_p 日变化分别增加了 8.9%(4.9mm)和 11.1%(5.0mm)；与 2060～2089 年相比，RCP 4.5 和 RCP 8.5 情景的 ET_p 日变化分别增加了 15.6%(5.2mm)和 22.2%(5.5mm)。

表 5-24　RCP 4.5 和 RCP 8.5 情景 2030～2059 年和 2060～2089 年的累积和平均潜在蒸散量

年份	GCM	RCP 4.5 情景		RCP 8.5 情景	
		累积 ET_p/mm	平均 ET_p/mm	累积 ET_p/mm	平均 ET_p/mm
	BL	543	4.5	543	4.5
2030～2059	BC1	536 (−1.3%)	4.7 (4.4%)	542 (−0.2%)	4.9 (8.9%)
	CaE	539 (−0.7%)	5.4 (20.0%)	538 (−0.9%)	5.3 (17.8%)
	CCS	540 (−0.6%)	5.1 (13.3%)	548 (0.9%)	5.3 (17.8%)

续表

年份	GCM	RCP 4.5 情景		RCP 8.5 情景	
		累积 ET$_p$/mm	平均 ET$_p$/mm	累积 ET$_p$/mm	平均 ET$_p$/mm
	BL	543	4.5	543	4.5
2030~2059	CM2	541 (−0.4%)	4.7 (4.4%)	552 (1.7%)	4.7 (4.4%)
	CM3	519 (−4.4%)	5.0 (11.1%)	523 (−3.7%)	5.2 (15.6%)
	CSI	546 (0.6%)	5.3 (17.8%)	543 (−0.0%)	5.2(15.6%)
	GE3	512 (−5.7%)	4.1 (−8.9%)	510 (−6.1%)	4.2 (−6.7%)
	MP2	526 (−3.1%)	5.2 (15.6%)	532 (−2.0%)	5.2 (15.6%)
	平均	532 (−2.0%)	4.9 (8.9%)	536 (−1.3%)	5.0 (11.1%)
2060~2089	BC1	538 (−0.9%)	5.2 (15.6%)	523 (−3.7%)	5.4 (20.0%)
	CaE	533 (−1.8%)	5.5 (22.2%)	528 (−2.8%)	5.9 (31.1%)
	CCS	544 (−0.2%)	5.3 (17.8%)	537 (−1.1%)	5.6 (24.4%)
	CM2	556 (−2.4%)	4.6 (2.2%)	552 (1.7%)	5.2 (15.6%)
	CM3	509 (−6.3%)	5.4 (20.0%)	502 (−7.6%)	5.6 (24.4%)
	CSI	535 (−1.5%)	5.6 (24.4%)	539 (−0.7%)	5.9 (31.1%)
	GE3	503 (−7.4%)	4.3 (−4.4%)	487 (−10.3%)	4.7 (4.4%)
	MP2	518 (−4.6%)	5.5 (22.2%)	507 (−6.6%)	5.6 (24.4%)
	平均	529 (−2.6%)	5.2 (15.6%)	521 (−4.1%)	5.5 (22.2%)

注：括号数据为不同 GCM 条件下 ET$_p$ 相对基准期的变化量。

3. 土壤水分运移相关指标

RCP 4.5 和 RCP 8.5 情景下 1981~2000 年土壤累积贮水量(SWS)、实际蒸散量(ET$_a$)、根系累积吸水量(RWU)和实际蒸发量(E$_a$)与 2030~2059 年和 2060~2089 年比较见图 5-43。RCP 4.5 和 RCP 8.5 情景下，对 2030~2059 年和 2060~2089 年的土壤贮水量(SWS)进行对比，与基准期相比，在两种 RCP 情景下，五种处理的 SWS 在未来的时间段内都有所下降。其中，2030~2059 年，CK、WR1、WR2、WR3 和 WR4 在 RCP 4.5 减少了 10.5%、9.9%、10.3%、9.5%和 10.7%；在 RCP 8.5 下，SWS 分别减少了 9.2%、8.1%、8.2%、8.8%和 9.2%。2060~2089 年，CK、WR1、WR2、WR3 和 WR4 处理在 RCP 4.5 情景下降低 21.1%、19.4%、20.6%、20.0%和 20.5%，在 RCP 8.5 分别降低 14.7%、12.0%、13.8%、13.1%和 14.2%。在未来的时间段内，对比基准期，土壤斥水性增加了 SWS。

利用预测的 2030~2059 年和 2060~2089 年气候资料模拟的平均 ET$_a$ 与 1981~2000 年的平均 ET$_a$ 进行了比较。2030~2059 年，WR1、WR2、WR3 和 WR4 处理在 RCP 4.5 ET$_a$ 分别降低了 4.7%、2.1%、2.2%、2.5%和 2.8%；在 RCP 8.5 情景下，分别降低了 2.0%、1.3%、0.8%、1.3%和 1.2%。2060~2089 年，RCP 4.5 情景下，CK、WR1、WR2、WR3 和 WR4 处理的 ET$_a$ 降低 9.6%、6.1%、5.6%、5.9%

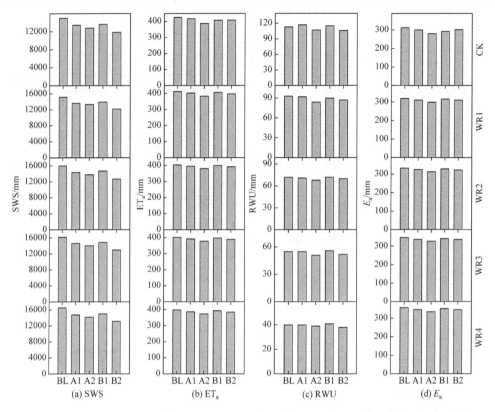

图 5-43　RCP 4.5 和 RCP 8.5 情景下 1981～2000 年土壤累积贮水量、实际蒸散量、根系累积
吸水量和实际蒸发量与 2030～2059 年和 2060～2089 年比较

BL-基准期；A1-RCP4.5 下的 2030～2059 年；A2-RCP4.5 的 2060～2089 年；B1-RCP8.5 的 2030～2059 年；
B2-RCP8.5 的 2060～2089 年

和 6.1%，RCP 8.5 情景下，ET_a 分别降低了 4.0%、3.6%、2.9%、3.2%和3.5%。在
同一时期和 RCP 情景下，SWR 水平越高，ET_a 值越小。与基准期相比，未来期的
RWU 总量减少了 0.5%～9.7%。累积 RWU 受 SWR 的影响。从 CK 到 WR4，基
准期 RWU 在 RCP 4.5 情景下，2030～2059 年和 2060～2089 年分别为 40～113mm
和 40～117mm；在 RCP 8.5 情景下，2030～2059 年和 2060～2089 年分别为 39～
107mm 和 41～115mm。在 2030～2059 年和 2060～2089 年期间，逐日 RWU 有增
加的趋势。

　　图 5-44 显示了 1981～2000 年土壤斥水性对 HYDRUS-1D 模拟逐日 RWU 变
化的影响。

　　逐日 RWU 波动受 SWR 的影响较大。除播后第 70～90 天外，逐日 RWU 依
次为 CK > WR1 > WR2 > WR3 > WR4。逐日 RWU 从初期的 0 逐渐增加，在播后
第 60 天左右达到峰值，然后逐渐下降。从 CK 到 WR4 处理，逐日 RWU 峰值随

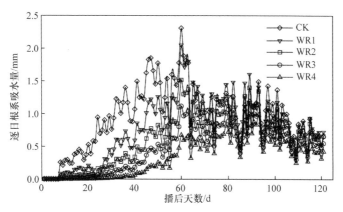

图 5-44　1981～2000 年土壤斥水性对 HYDRUS-1D 模拟逐日 RWU 变化的影响

WDPT 初始值的增加而降低。此外，在两种 RCP 情景下，5 个处理在 2030～2059 年和 2060～2089 年的 E_a 都有所下降。与基准期相比，未来时期的逐日 E_a 有所增加。受到 SWR 的影响，在 RCP 4.5 情景下，2030～2059 年 CK 到 WR4 的累积 E_a 从 300mm 增加到 347mm，2060～2089 年从 280mm 到 335mm；在 RCP 8.5 情景下，2030～2059 年 CK 到 WR4 的累积 E_a 从 292mm 增加到 352mm，2060～2089 年从 302mm 增加到 346mm。

4. 不确定性分析结果

不确定性分析贡献率百分比见图 5-45。

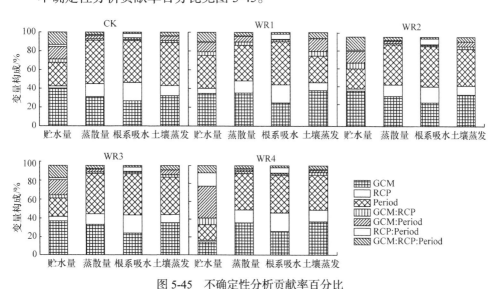

图 5-45　不确定性分析贡献率百分比

总体上，7 个不确定源(GCM、Period、RCP、GCM：Period、GCM：RCP、

RCP：Period、GCM：Period：RCP)的贡献在 5 个处理中是一致的。GCM 和 Period 对总方差做出了主要贡献。以 CK 处理为例，GCM 分别占 SWS、ET_a、RWU 和 E_a 总方差的 41%、30%、26%和33%，Period 分别占 23%、47%、48%和45%。除了 GCM 和 Period，对于贮水量，GCM 和 Period 之间的交互(GCM：Period)及 GCM、RCP 和 Period(GCM：RCP：Period)对总方差的贡献相对于其他来源较大。对于 ET_a、RWU 和 E_a，RCP 在 GCM 和 Period 之后的贡献最大。与其他来源相比，与 RCP 相关的 GCM 不确定度(GCM：RCP)和与 Period 相关的 RCP 不确定度(RCP：Period)对不确定度的贡献较小。

本节结合 HYDRUS-1D、APSIM 和统计降尺度 GCM 数据，在 RCP 4.5 和 8.5 情景下，预测了 2030～2089 年 5 个斥水平土壤中夏玉米生育期土壤水分运移(SWS、ET_a、RWU 和 E_a)过程。以往对斥水性土壤中水动力学的模拟要么采用数值解，要么采用半经验和概念方法(Ganz et al.，2013；Deurer et al.，2007)。Wang 等(2018)对斥水性土壤水力参数进行了率定和验证($R^2 > 0.88$)，模拟了斥水性土壤中的水分运移，验证了 HYDRUS-1D 在斥水性土壤中的应用。APSIM 模型已被证明是评估气候变化对植物生长期影响的有效工具。Li 等(2016)应用 APSIM 模型研究了气候变化对华北平原冬小麦物候期的影响。在研究期间，生长期和营养生长期均呈下降趋势。这主要是由于温度是作物生长期的主要调控因素(Li et al.，2016；Xiao et al.，2016)，植物的生长时期受温度的影响，温度升高会加快作物生长速度，缩短生育期。由于温度对生育期的影响，建议调整夏玉米的播种日期。在未来的研究中，需要利用作物生长模型研究不同气候变化情景下斥水性土壤夏玉米的产量。

5.6　本 章 小 结

SWR 对植物开始发芽的时间存在影响。花草类植物种子在亲水性土壤中的开始发芽时间相对较早，但受土壤斥水性影响较大，在 WDPT 较大的土壤中开始发芽的时间较晚；作物类植物受土壤斥水性影响小于其他 3 种植物类型，在不同 WDPT 土壤中均能发芽且开始发芽时间相对较早；蔬菜类植物种子的开始发芽时间受土壤斥水性影响较大，在 WDPT 为 16s 的土壤中基本不发芽；树木类植物种子的开始发芽时间受土壤斥水性的影响不明显，可能与该类种子发芽率低且样本数量较小有关。

土壤的斥水性会随着时间和灌溉发生变化，WDPT 随着播种时间的增加而显著增加，并在下次灌溉前达到峰值。SWR 会延长夏玉米的生育期。斥水性越强，夏玉米生长速度越慢。相对于 CK 处理，夏玉米的株高、茎粗和叶面积指数整体呈现出 SWR 越强、生理指标越小的规律，随着斥水程度的增强，夏玉米干物质量呈现显著减少的趋势。同样，随着斥水程度的增强，夏玉米的产量依次降低，水分利用效率、耗水量也随之依次降低。

修正后的单、双作物系数法对于具有一定斥水性土壤中的作物也适用，双作物系数法能更准确地估算不同处理中的夏玉米的蒸散量。

对于田间试验，HYDRUS-1D 整体的模拟效果较好。根系吸水结果表明，逐日的根系吸水在生长旺盛时期即播后第 60～80 天左右达到峰值。斥水性土壤中的根系吸水比亲水性土壤中小，根系吸水用来维持夏玉米生长。对于斥水性夏玉米试验处理，较弱的根系吸水对夏玉米的生长过程以及产量产生较大的影响。斥水性试验的根系吸水较弱，土壤蒸发较强，夏玉米在土壤中吸收的水分很少，从而抑制了夏玉米的生长。

利用 APSIM 和 HYDRUS-1D 模型对不同斥水水平下，RCP 4.5 和 RCP 8.5 情景下 2030～2089 年夏玉米生育期土壤水分动态进行了预测。未来各时期气温的升高减少了夏玉米达到所需累积温度的时间，从而缩短了夏玉米生育期。与基准期(1981～2000 年)相比，未来各时期 ET_p、SWS、ET_a、RWU 和 E_a 均呈下降趋势。RCP 4.5 情景下的同一时期的累积 SWS、ET_a、RWU 和 E_a 的变化均大于 RCP 8.5 情景。同一 RCP 情景下，2060～2089 年的累积 SWS、ET_a、RWU 和 E_a 均小于 2030～2059 年。与 CK 相比，斥水处理的累积 SWS 和 E_a 增加，而累积 ET_a 和 RWU 降低。GCM 和 Period 对不确定性度的贡献最大。

参 考 文 献

鲍士旦, 2000. 土壤农化分析[M]. 3 版. 北京: 中国农业出版社.

樊引琴, 蔡焕杰, 2002. 单作物系数法和双作物系数法计算作物需水量的比较研究[J]. 水利学报, 3: 50-54.

纪瑞鹏, 张玉书, 姜丽霞, 等, 2012. 气候变化对东北地区玉米生产的影响[J]. 地理研究, 2: 290-298.

康绍忠, 刘晓明, 熊运章, 等, 1994. 土壤—植物—大气连续体水分传输理论及其应用[M]. 北京: 水利电力出版社.

林大仪, 2004. 土壤学实验指导[M]. 北京: 中国林业出版社.

吴元芝, 黄明斌, 2011. 基于 Hydrus-1D 模型的玉米根系吸水影响因素分析[J]. 农业工程学报, 27(S2): 66-73.

赵丹, 2016. 砂石覆盖对蒸散发及夏玉米生长过程的影响[D]. 杨凌: 西北农林科技大学.

ALLEN R G, PEREIRAL L S, RAES D, et al., 1998. Crop Evapotranspiration: Guidelines for Computing Crop Water Requirements[R]. Rome: Food and Agriculture Organization of the United Nations.

BACHMANN J, VAN DER PLOEG R R, 2002. A review on recent developments in soil water retention theory: Interfacial tension and temperature effects[J]. Journal of Plant Nutrition Soil Science, 165: 468-478.

BENITO R E, RODRÍGUEZ-ALLERES M, VARELA TEIJEIRO E, 2016. Environmental factors governing soil water repellency dynamics in a pinus pinaster plantation in NW Spain[J]. Land Degradation and Development, 27(3): 719-728

CAMPOS H, TREJO C, PENA-VALDIVIA C B, et al., 2014. Stomatal and non-stomatal limitations of bell pepper (Capsicum annuum L.) plants under water stress and re-watering: Delayed restoration of photosynthesis during recovery[J]. Environmental & Experimental Botany, 98: 56-64.

DAFNY E, ŠIMŮNEK J, 2016. Infiltration in layered loessial deposits: Revised numerical simulations and recharge assessment[J]. Journal of Hydrology, 538: 339-354.

DEURER M, BACHMANN J, 2007. Modeling water movement in heterogeneous water-repellent soil: 2. A conceptual numerical simulation[J]. Vadose Zone Journal, 6: 446-457.

GANZ C, BACHMANN J, NOELL U, et al., 2013. Hydraulic modeling and in situ electrical resistivity tomography to analyze ponded infiltration into a water repellent sand[J]. Journal of Hydrology, 13: 246-250.

HEWELKE E, SZATYŁOWICZ J, GNATOWSKI T, et al., 2016. Effects of soil water repellency on moisture patterns in a degraded sapric histosol[J]. Land Degradation & Development, 27(4): 955-964.

HOPMANS J W, BRISTOW K L, 2002. Current capabilities and future needs of root water and nutrient uptake modeling[J]. Advances in Agronomy, 77: 103-183.

HOU L, ZHOU Y, HAN B, et al., 2016. Simulation of maize (Zea mays L.) water use with the HYDRUS-1D model in the semi-arid Hailiutu River catchment, Northwest China[J]. International Association of Scientific Hydrology Bulletin, 62(1): 93-103.

KLUTE A, DIRKSEN C, 1986. Hydraulic conductivity and diffusivity: Laboratory methods[J]. Methods of Soil Analysis: Part 1-Physical and Mineralogical Methods, 687-734.

KRAMERS G, DAM J C V, RITSEMA C J, et al., 2005. A new modelling approach to simulate preferential flow and transport in water repellent porous media: Parameter sensitivity, and effects on crop growth and solute leaching[J]. Soil Research, 43(3): 371-382.

LI K, YANG X, TIAN H, et al., 2016. Effects of changing climate and cultivar on the phenology and yield of winter wheat in the North China Plain[J]. International Journal of Biometeorology, 60: 21-32.

LI Y, WANG X, CAO Z, et al., 2017. Water repellency as a function of soil water content or suction influenced by drying and wetting processes[J]. Canadian Journal of Soil Science, 97: 226-240.

LIU D L, ZUO H, 2012. Statistical downscaling of daily climate variables for climate change impact assessment over New South Wales, Australia[J]. Climatic Change, 115(3-4): 629-666.

MATAIX-SOLERA J, DOERR S H, 2004. Hydrophobicity and aggregate stability in calcareous topsoils from fire-affected pine forests in southeastern Spain[J]. Geoderma, 118(1-2): 77-88.

MONTEITH J L, 1965. Evaporation and Environment[M]. Cambridge: Cambridge University Press.

RICHARDSON C W, WRIGHT D A, 1984. WGEN: A Model for Generating Daily Weather Variables[R]. Beltsville: Agricultural Research Service.

SALTER P J, WILLIAMS J B, 1965. The influence of texture on the moisture characteristics of soils. II available water capacity and moisture release characteristics[J]. Journal of Soil Science, 16: 310-317.

SASEENDRAN S A, AHUJA L R, NIELSEN D C, et al., 2008. Use of crop simulation models to evaluate limited irrigation management options for corn in a semiarid environment[J]. Water Resources Research, 44(7): 408-419.

SHOKRI N, LEHMANN P, OR D, 2008. Effects of hydrophobic layers on evaporation from porous media[J]. Geophysical Research Letters, 35: 116-122.

SHOUSE P J, AYARS J E, ŠIMŮNEK J, 2011. Simulating root water uptake from a shallow saline groundwater resource[J]. Agricultural Water Management, 98(5): 784-790.

ŠIMUNEK J, VAN GENUCHTEN M T, ŠEJNA M, 2012. HYDRUS: Model use, calibration, and validation[J]. Transactions of the ASABE, 55(4): 1263-1274.

TAYLOR K E, 2001. Summarizing multiple aspects of model performance in a single diagram[J]. Journal of Geophysical

Research, 106(D7): 7183-7192.

WANG B, LIU D L, MACADAM I, et al., 2016. Multi-model ensemble projections of future extreme temperature change using a statistical downscaling method in south eastern Australia[J]. Climatic Change, 138(1-2): 85-98.

WANG X, LI Y, WANG Y, et al., 2018. Performance of HYDRUS-1D for simulating water movement in water-repellent soils[J]. Canadian Journal of Soil Science, 98: 1-14.

WIJEWARDANA N S, MÜLLER K, MOLDRUP P, et al., 2016. Soil-water repellency characteristic curves for soil profiles with organic carbon gradients[J]. Geoderma, 264: 150-159.

XIAO D, TAO F, SHEN Y, et al., 2016. Combined impact of climate change, cultivar shift, and sowing date on spring wheat phenology in Northern China[J]. Journal of Meteorological Research, 30: 820-831.

第6章 主要结论及建议

1. 主要结论

本书基于室内和田间试验数据，针对入渗性能较弱的斥水性土壤水分运移规律进行研究，对比了不同质地土壤中水分运移特征，较系统地揭示了均质和层状斥水性土壤中的指流发育过程，分析了再生水灌溉对斥水性土壤理化性质的影响；此外，结合数值模拟的方法，分析了斥水性土壤中作物生长发育过程的水分运移规律，探讨了斥水性土壤影响植物生长的机理，预测了气候变化条件下，土壤斥水性对作物生长过程水分的影响。得出了以下主要结论：

(1) 土壤斥水性会对土壤中的水分入渗过程产生影响，导致优先流现象的发生。土壤斥水性在一定程度上增强了壤土和砂土含水量分布的不均匀性，且砂土比黏壤土更容易出现土壤水分分布不均匀的现象。在非均质条件下，斥水性土壤中的水分运移情况与亲水层状土壤的不同，而且相比于均质条件下的斥水性土壤来说，更容易发生指流现象。在不同斥水等级的土壤条件下，指流参数的变化虽然相对随机，但在斥水性和亲水性层状土壤处理之间存在明显差异，较大的累积入渗量会显著增加指流的长度。总的来说，细质地斥水性土壤覆盖粗质地亲水性土壤的结构会导致指流产生，但是指流的发展情况不具有一致的规律。

(2) 再生水灌溉条件下，随着综合水质指标的增加，相同基质吸力条件下的含水量减小，水质对斥水性黏壤土的土-水曲线影响大于亲水性黏壤土。随着综合水质指标的增加，斥水性和亲水性黏壤土的极微孔隙降低、中等孔隙和大孔隙增加；田间持水率和凋萎系数减小，有效水量、无效水量和易利用水量随着综合水质指标的增加而减小，满足灌溉要求。通过主成分分析可知综合水质指标越大，相同入渗时间，土壤累积入渗量和湿润锋越大，且再生水水质对斥水性黏壤土和亲水性砂壤土的累积入渗量和湿润锋有较大影响。吸渗率与化学需氧量之间存在幂函数关系，综合水质指标足够大时，斥水性对土壤入渗的抑制作用会减小。

(3) 应用 HYDRUS-1D 模拟不同土壤亲水、轻微斥水和强度斥水的水平吸渗和垂直入渗的水分运移过程，肯定了 HYDRUS 在斥水性土壤中水分运移模拟的适用性。模拟结果表明，斥水性夹层土壤阻水造成水分回填从而降低水分入渗率，很大程度影响水分运移过程。对比夹层位置，土壤斥水性对水分运移的影响更为明显。对于壤土和盐碱土，累积蒸发量随着斥水级别的增加呈现明显减小的规律。

(4) 土壤斥水性对植物的开始发芽时间存在影响。整体呈现土壤斥水性越强、植物种子发芽率越低的规律。土壤的斥水性会随着时间和灌溉发生变化，WDPT 随着播种时间的增加而显著增加。土壤斥水性可以抑制深层土壤的蒸发，延长夏玉米的生育期。

(5) 应用 HYDRUS-1D 模拟根系吸水结果表明，对于斥水性试验处理，根系吸水较弱，土壤蒸发较强，夏玉米在土壤中可吸收的水分很少。利用 APSIM 和 HYDRUS-1D 模型对未来气候变化下的夏玉米生长过程水分运移规律进行模拟，表明气温的升高缩短了夏玉米生育期。与 CK 相比，斥水处理的累积土壤贮水量和实际土壤蒸发增加，而累积实际蒸散量和根系吸水量降低。此外，不确定性分析结果表明，GCM 和 Period 对不确定性分析的贡献最大。

2. 主要建议

本书为进一步研究斥水性土壤中的水分运移规律，采用人工添加斥水剂配置不同斥水程度土壤的方法，通过室内和遮雨棚下试验，结合数值模拟的方法，研究了斥水性土壤中优先流的发展、斥水性土壤中水分运移的模型修正、再生水灌溉对斥水性土壤属性的影响及土壤斥水性对作物生长的影响等问题，获得了丰富的研究成果，可为斥水性土壤的改良提供有用的参考。然而，本书的研究结果大多基于人工配置的不同级别斥水性土壤得出，和自然斥水性土壤的水分运移过程及作物生长响应可能存在一定差异，今后若条件允许需开展农田尺度的相关研究。主要建议有：

(1) 人工添加斥水剂配置不同斥水程度的土壤时，要将配置过的土壤在相对稳定的条件下静置一段时间，直到其斥水性稳定，不再发生明显的变化。

(2) 因为土壤斥水性受土壤水分的影响具有一定的不确定性，通过人工观测湿润锋的手段来定量计算指流指标仍有一定的人为观测误差，所以建议使用较为精确的摄像机和图片处理软件对其进行定量分析，在较大程度上避免人为观测的误差。

(3) 可以对斥水性土壤中经常发生的优先流进行数值模拟研究，以丰富斥水性土壤水分运移规律的理论基础。

(4) 对于土壤斥水性对作物生长过程的影响试验可在农田尺度开展。